CAMBRIDGE LIBRARY COLLECTION

Books of enduring scholarly value

Mathematical Sciences

From its pre-historic roots in simple counting to the algorithms powering modern desktop computers, from the genius of Archimedes to the genius of Einstein, advances in mathematical understanding and numerical techniques have been directly responsible for creating the modern world as we know it. This series will provide a library of the most influential publications and writers on mathematics in its broadest sense. As such, it will show not only the deep roots from which modern science and technology have grown, but also the astonishing breadth of application of mathematical techniques in the humanities and social sciences, and in everyday life.

Leçons sur les séries trigonométriques professées au Collège de France

The two great works of the celebrated French mathematician Henri Lebesgue (1875–1941), Leçons sur l'intégration et la recherche des fonctions primitives professées au Collège de France (1904) and Leçons sur les séries trigonométriques professées au Collège de France (1906) arose from lecture courses he gave at the Collège de France while holding a teaching post at the University of Rennes. In 1901 Lebesgue formulated measure theory; and in 1902 his new definition of the definite integral, which generalised the Riemann integral, revolutionised integral calculus and greatly expanded the scope of Fourier analysis. The Lebesgue integral is regarded as one of the major achievements in modern real analysis, and is part of the standard university curriculum in mathematics today. Both of Lebesgue's books are reissued in this series.

Cambridge University Press has long been a pioneer in the reissuing of out-of-print titles from its own backlist, producing digital reprints of books that are still sought after by scholars and students but could not be reprinted economically using traditional technology. The Cambridge Library Collection extends this activity to a wider range of books which are still of importance to researchers and professionals, either for the source material they contain, or as landmarks in the history of their academic discipline.

Drawing from the world-renowned collections in the Cambridge University Library, and guided by the advice of experts in each subject area, Cambridge University Press is using state-of-the-art scanning machines in its own Printing House to capture the content of each book selected for inclusion. The files are processed to give a consistently clear, crisp image, and the books finished to the high quality standard for which the Press is recognised around the world. The latest print-on-demand technology ensures that the books will remain available indefinitely, and that orders for single or multiple copies can quickly be supplied.

The Cambridge Library Collection will bring back to life books of enduring scholarly value across a wide range of disciplines in the humanities and social sciences and in science and technology.

Leçons sur les séries trigonométriques professées au Collège de France

Henri Lebesgue

Cambridge
University Press

CAMBRIDGE UNIVERSITY PRESS

Cambridge New York Melbourne Madrid Cape Town Singapore São Paolo Delhi

Published in the United States of America by Cambridge University Press, New York

www.cambridge.org
Information on this title: www.cambridge.org/9781108001922

This edition first published 1906
This digitally printed version 2009

ISBN 978-1-108-00192-2

LEÇONS

SUR LES

SÉRIES TRIGONOMÉTRIQUES.

LIBRAIRIE GAUTHIER-VILLARS.

COLLECTION DE MONOGRAPHIES SUR LA THÉORIE DES FONCTIONS,

PUBLIÉE SOUS LA DIRECTION DE M. ÉMILE BOREL.

Leçons sur la théorie des fonctions (*Éléments de la théorie des ensembles et applications*), par M. Émile Borel; 1898........... 3 fr. 50

Leçons sur les fonctions entières, par M. Émile Borel; 1900..... 3 fr. 50

Leçons sur les séries divergentes, par M. Émile Borel; 1901..... 4 fr. 50

Leçons sur les séries à termes positifs, professées au Collège de France par M. Émile Borel et rédigées par M. *Robert d'Adhémar;* 1902.. 3 fr. 50

Leçons sur les fonctions méromorphes, professées au Collège de France par M. Émile Borel et rédigées par M. *Ludovic Zoretti;* 1903. 3 fr. 50

Leçons sur l'intégration et la recherche des fonctions primitives, professées au Collège de France par M. Henri Lebesgue; 1904. 3 fr. 50

Leçons sur les fonctions discontinues, professées au Collège de France par M. René Baire et rédigées par M. *A. Denjoy;* 1905..... 3 fr. 50

Leçons sur les fonctions de variables réelles et les développements en séries de polynomes, professées à l'École Normale, par M. Émile Borel, rédigées par M. *Maurice Fréchet* avec des Notes de M. P. Painlevé et de M. H. Lebesgue; 1905..................... 4 fr. 50

Le calcul des résidus et ses applications à la théorie des fonctions, par M. Ernst Lindelöf; 1905........................... 3 fr. 50

EN PRÉPARATION :

Quelques principes fondamentaux de la théorie des fonctions de plusieurs variables complexes, par M. Pierre Cousin.

Principes de la théorie des fonctions entières de genre infini, par M. Otto Blumenthal.

Sur l'inversion des intégrales définies, par M. Vito Volterra.

Leçons sur la fonction $\zeta(s)$ de Riemann et son application à la théorie des nombres premiers, par M. Helge von Koch.

Leçons sur les correspondances entre variables réelles, par M. Jules Drach.

Leçons sur les séries de polynomes à une variable complexe, par M. Émile Borel.

COLLECTION DE MONOGRAPHIES SUR LA THÉORIE DES FONCTIONS
PUBLIÉE SOUS LA DIRECTION DE M. ÉMILE BOREL.

LEÇONS

SUR LES

SÉRIES TRIGONOMÉTRIQUES

PROFESSÉES AU COLLÈGE DE FRANCE

PAR

HENRI LEBESGUE,
MAÎTRE DE CONFÉRENCES A LA FACULTÉ DES SCIENCES DE RENNES.

PARIS,
GAUTHIER-VILLARS, IMPRIMEUR-LIBRAIRE
DU BUREAU DES LONGITUDES, DE L'ÉCOLE POLYTECHNIQUE,
Quai des Grands-Augustins, 55.

1906

PRÉFACE.

J'ai réuni dans ce petit Livre les Leçons sur la *Théorie des séries trigonométriques,* que j'ai faites au Collège de France en 1904-1905 (fondation Claude-Antoine Peccot). Je n'ai pas cru, toutefois, devoir reprendre ici, comme dans mon Cours, les parties les plus élémentaires de la théorie qu'on trouve exposées dans un grand nombre d'Ouvrages classiques. Cela m'a permis de m'étendre, un peu plus que je n'avais pu le faire au Collège de France, sur quelques résultats, publiés récemment, concernant la possibilité d'utiliser les séries de Fourier pour la représentation des fonctions arbitraires.

Je suis heureux de remercier ici M. Émile Borel qui m'a aimablement invité à écrire ce Livre.

Rennes, le 21 octobre 1905.

Henri LEBESGUE.

INDEX.

Pages.

INTRODUCTION. — Propriétés des fonctions........................ 1

CHAPITRE I. — Détermination des coefficients des séries trigonométriques représentant une fonction donnée.... 17

CHAPITRE II. — Théorie élémentaire des séries de Fourier........ 33

CHAPITRE III. — Séries de Fourier convergentes.................. 55

CHAPITRE IV. — Séries de Fourier quelconques.................. 84

CHAPITRE V. — Séries trigonométriques quelconques............... 110

TABLE DES MATIÈRES.. 126

LECONS

SUR LES

SÉRIES TRIGONOMÉTRIQUES.

INTRODUCTION.

PROPRIÉTÉS DES FONCTIONS (¹).

1. *Les deux espèces de points de discontinuité.* — Parmi les discontinuités que peut présenter une fonction $f(x)$, d'une seule variable réelle, il y a lieu de distinguer un mode simple de discontinuité qui se rencontrera souvent dans la suite.

x_0 est *point de discontinuité de première espèce* pour $f(x)$ si, quand x croît vers x_0, $f(x)$ tend vers une limite bien déterminée qu'on notera, avec Dirichlet, $f(x_0 - 0)$ et si, quand x décroît vers x_0, $f(x)$ a une limite qu'on notera $f(x_0 + 0)$ (²).

La propriété essentielle des points de discontinuité de première espèce est d'être toujours comparables entre eux; j'entends par là que, si φ a, en x_0, un point de discontinuité de première espèce pour lequel $\varphi(x_0 + 0)$ et $\varphi(x_0 - 0)$ diffèrent, quelle que soit f, admettant aussi x_0 comme point de discontinuité de première

---

(¹) Dans cette Introduction j'ai réuni un certain nombre de définitions ou d'énoncés qu'il importe de connaître pour bien comprendre le reste de l'ouvrage. Il n'est d'ailleurs pas nécessaire de lire ce Chapitre préliminaire avant les autres; il suffirait que le lecteur s'y reportât s'il lui arrivait d'être arrêté par quelque difficulté. J'ai mis dans le texte de nombreux renvois à l'Introduction.

(²) Pour abréger on écrira $f(+0)$ et $f(-0)$ à la place de $f(0+0)$, $f(0-0)$.

espèce, on pourra toujours trouver la constante K de manière que pour $F = f + K\varphi$ on ait $F(x_0 + 0) = F(x_0 - 0)$. C'est-à-dire que, au point x_0, il ne subsiste plus qu'une discontinuité en quelque sorte artificielle. Rien de pareil n'existe pour les autres points de discontinuité qu'on appelle *points de discontinuité de seconde espèce.*

Cette propriété permet, dans certains cas, de conclure pour tous les points de première espèce en s'appuyant sur l'étude d'un point de première espèce particulier (nº 31).

2. *Points réguliers.* — Nous dirons que x_0 est un point régulier pour f si $f(x_0+0)$ et $f(x_0-0)$ existent et sont tels que

$$f(x_0+0)+f(x_0-0)=2f(x_0);$$

tous les points de continuité sont des points réguliers.

Tous les points réguliers sont comparables au sens du numéro précédent; la discontinuité artificielle dont il a été parlé n'existe même plus. La propriété de ces points qui nous servira le plus est la suivante : la fonction $\varphi(t)$ définie par l'égalité

$$\varphi(t)=f(x_0+2t)+f(x_0-2t)-2f(x_0),$$

est continue pour $t=0$.

3. *Fonctions monotones; conditions de Dirichlet.* — On dit que $f(x)$ est une fonction partout non décroissante ou, plus brièvement, que $f(x)$ est une fonction croissante si, quels que soient x_1 et x_2, on a

$$(x_1-x_2)[f(x_1)-f(x_2)] \geqq 0.$$

$f(x)$ ne décroissant jamais, quand x croît, et ne croissant jamais quand x décroît, $f(x_0+0)$ et $f(x_0-0)$ existent toujours; une fonction croissante n'a donc jamais de points de discontinuité de seconde espèce. Ses points de discontinuité forment d'ailleurs toujours un ensemble dénombrable, car, si l'on a

$$a < x_1 < x_2 < \ldots < x_n < b,$$

on a aussi

$$f(b)-f(a) \geqq [f(x_1+0)-f(x_1-0)] \\ +[f(x_2+0)-f(x_2-0)]+\ldots+[f(x_n+0)-f(x_n-0)],$$

et cela montre que les points en lesquels la différence

$$f(x+0)-f(x-0)$$

surpasse ε sont, quel que soit $\varepsilon > 0$, en nombre fini.

Les fonctions décroissantes, qu'on obtient en changeant x en $-x$ dans les fonctions croissantes, jouissent évidemment de propriétés analogues. Les fonctions croissantes et décroissantes constituent l'ensemble des *fonctions monotones*.

On dit qu'une fonction bornée satisfait aux *conditions de Dirichlet* si elle n'a qu'un nombre fini de points de discontinuité dans l'intervalle (a, b) qu'on considère et si cet intervalle peut être partagé en un nombre *fini* d'intervalles partiels dans chacun desquels la fonction est monotone. Une telle fonction n'a évidemment que des points de discontinuité de première espèce.

4. *Fonctions à variation bornée.* — M. Jordan a appelé ainsi toutes les fonctions bornées qu'on peut obtenir en faisant la somme d'une fonction croissante et d'une fonction décroissante ou, si l'on veut, en faisant la différence de deux fonctions croissantes.

Une telle fonction n'a tout au plus qu'une infinité dénombrable de points de discontinuité, qui sont de première espèce, et l'on peut remarquer qu'il suffit de modifier la fonction tout au plus en ses points de discontinuité pour que tous ses points soient réguliers.

On peut encore dire qu'une fonction f est à variation bornée si elle varie moins vite qu'une fonction croissante bornée, entendant par là qu'il existe une fonction croissante bornée F telle que l'on ait toujours, pour $h > 0$,

$$F(x+h)-F(x) \geqq |f(x+h)-f(x)|.$$

Si, en effet, cette condition est remplie, f est la différence des deux fonctions croissantes F et $F-f$, et d'autre part, si f est la différence des deux fonctions croissantes φ et ψ, elle croît moins vite que $\varphi+\psi$. Cette seconde définition est souvent commode, elle montre en particulier qu'une fonction satisfaisant aux conditions de Dirichlet est à variation bornée.

f étant à variation bornée, on peut, d'une infinité de manières, écrire, pour $x > a$,

$$f(x) = f(a) + P(x) - N(x),$$

$P(x)$ et $N(x)$ étant deux fonctions non négatives et croissantes. Soient $p(x)$ et $n(x)$ les limites inférieures, pour x donné, des valeurs de $P(x)$ et $N(x)$; on a évidemment

$$f(x) = f(a) + p(x) - n(x);$$

$p(x)$ et $n(x)$ sont les plus petites fonctions $P(x)$ et $N(x)$.

Ces quantités $p(x)$ et $n(x)$ s'appellent les *variations totales positive et négative* de f dans (a, x); $v(x) = p(x) + n(x)$ est la *variation totale* de f dans (a, x); elle est au plus égale à $F(x) - F(a)$.

Il est évident que les deux différences $p(x_0) - p(x_0 - 0)$ et $n(x_0) - n(x_0 - 0)$ ne peuvent être différentes de o en même temps, sans quoi, en appelant d la plus petite des deux, les fonctions $p_1(x)$ et $n_1(x)$, égales à $p(x)$ et $n(x)$ pour $x < x_0$ et à $p(x) - d$, $n(x) - d$ pour $x \geqq x_0$, seraient des fonctions P et N plus petites que p et n. De même les différences $p(x_0 + 0) - p(x_0)$, $n(x_0 + 0) - n(x_0)$ ne peuvent différer de o en même temps et, comme ces différences sont égales deux à deux quand x_0 est point de continuité pour f, on en déduit que, pour un tel point, $p(x)$, $n(x)$ et $v(x)$ sont continues.

Il est facile de voir que la somme, la différence, le produit de deux fonctions à variation bornée est à variation bornée; cela est vrai aussi pour le quotient de deux fonctions pourvu que le module du dénominateur ne descende pas au-dessous d'une certaine limite différente de zéro. J'examine seulement le cas du produit; en conservant les notations précédentes et en affectant de l'indice 1 les quantités relatives à une seconde fonction, on a

$$\begin{aligned} ff_1 &= [f(a) + p - n][f_1(a) + p_1 - n_1] \\ &= pp_1 + nn_1 + p_1 f(a) + p f_1(a) - [pn_1 + np_1 + n_1 f(a) + n f_1(a)], \end{aligned}$$

ce qui démontre la propriété et fait voir en même temps que la variation totale du produit est au plus égale à

$$[v + |f(a)|][v_1 + |f_1(a)|].$$

C'est une expression qui nous servira plus loin; mais nous y remplacerons l'origine a de (a, x) par l'extrémité x, ce qui est évidemment permis ([1]).

5. *Nombres dérivés.* — On appelle *nombres dérivés* de la fonction continue f au point x, les plus petites et plus grandes limites vers lesquelles tendent le rapport $\frac{f(x+h)-f(x)}{h}$, quand on fait tendre h vers zéro positivement d'une part, négativement d'autre part. Ainsi, en chaque point, une fonction continue a quatre nombres dérivés finis ou non. Lorsque ces quatre nombres sont finis et égaux, $f(x)$ *a une dérivée*, au sens ordinaire, égale à ces nombres dérivés.

Les fonctions f, qui satisfont à la condition, si connue dans la théorie des équations différentielles sous le nom de *condition de Lipschitz*, qui s'exprime par l'inégalité

$$|f(x+h)-f(x)| < k\,|h|,$$

où k est une constante, ont évidemment leurs nombres dérivés bornés; la réciproque est vraie ([2]).

6. *Dérivée seconde généralisée. Théorème de M. Schwarz.* — D'autres généralisations de la notion de dérivée pourraient être utiles. C'est ainsi que, pour le n° 37, il y aurait avantage à définir la dérivée de f en x par la considération du rapport $\frac{f(x+h)-f(x-h)}{2h}$ au lieu du rapport ordinaire; cela conduit à une définition de la dérivée, qui comprend la définition classique comme cas particulier, mais qui est plus générale puisque, par exemple, elle conduit à attribuer une dérivée nulle à $+\sqrt{x^2}$ pour $x=0$. Je n'insiste pas sur ce point et j'indique une généralisation plus importante.

La dérivée première est définie comme la limite du rapport de la différence première de f à l'accroissement de la variable; consi-

---

([1]) Pour plus de renseignements sur les fonctions à variation bornée voir le Tome I de la deuxième édition du *Cours d'Analyse* de M. Jordan ou le Chapitre IV de mes *Leçons sur l'Intégration et la recherche des fonctions primitives.*

([2]) *Voir* mes *Leçons sur l'Intégration*, p. 72.

dérons maintenant le rapport de la différence seconde de f au carré de l'accroissement de la variable. Ce rapport s'écrit (¹) :

$$\frac{\Delta^2 f}{h^2} = \frac{[f(x+h)-f(x)]+[f(x-h)-f(x)]}{h^2}$$
$$= \frac{f(x+h)+f(x-h)-2f(x)}{h^2}.$$

Quand la dérivée seconde ordinaire existe, elle est la limite du rapport précédent, pour $h=0$; mais il se peut que cette dérivée seconde n'existe pas et que la limite existe. Ce serait le cas, pour $x=0$, si f était une fonction continue sans dérivée première telle que $f(h)=-f(-h)$. On convient d'appeler *dérivée seconde généralisée* la limite de $\frac{\Delta^2 f}{h^2}$, toutes les fois qu'elle existe.

Remarquons que cette dérivée seconde généralisée est, d'après la première forme du rapport $\frac{\Delta^2 f}{h^2}$, positive ou nulle en tout point x où f est maximum; cela va nous servir à démontrer une propriété analogue au théorème des accroissements finis : *si la fonction f a en tout point une dérivée seconde généralisée φ, la quantité $\frac{\Delta^2 f(x_0)}{h^2}$ est comprise entre les limites inférieure et supérieure de φ dans $(x_0-h,\ x_0+h)$.*

Il suffira, par exemple, de démontrer que $\frac{\Delta^2 f(x_0)}{h^2}$ ne surpasse pas la limite supérieure de φ. Posons

$$\psi(x) = \frac{1}{2}\frac{\Delta^2 f(x_0)}{h^2}(x-x_0)^2 + \frac{f(x_0+h)-f(x_0-h)}{2h}(x-x_0)+f(x_0);$$

la fonction continue $\lambda(x)=f(x)-\psi(x)$ s'annule pour x_0-h, x_0, x_0+h, donc elle atteint son maximum pour une valeur x_1 *intérieure* à $(x_0-h,\ x_0+h)$; x_1 pourra, d'ailleurs, égaler x_0. La dérivée seconde d'un trinome du second degré étant constante, on a

$$\frac{\Delta^2 \lambda(x)}{k^2} = \frac{\Delta^2 f(x)}{k^2} - \frac{\Delta^2 \psi(x)}{k^2} = \frac{\Delta^2 f(x)}{k^2} - \frac{\Delta^2 f(x_0)}{h^2},$$

(¹) En réalité, si l'on prend les différences à la façon ordinaire, on est conduit au rapport $\frac{f(x+2h)+f(x)-2f(x+h)}{h^2}$ qui conduit à une définition non équivalente à celle du texte.

d'où

$$\frac{\Delta^2 f(x_1)}{k^2} = \frac{\Delta^2 \lambda(x_1)}{k^2} + \frac{\Delta^2 f(x_0)}{h^2};$$

d'après notre remarque la limite du second membre, pour $k = 0$, est au moins $\frac{\Delta^3 f(x_0)}{h^2}$, donc on a

$$\varphi(x_1) \geqq \frac{\Delta^2 f(x_0)}{h^2}.$$

Le théorème est démontré.

Supposons, en particulier, que φ soit constamment nulle; alors $\Delta^2 f(x_0)$ est constamment nulle. Quels que soient x, x_1, h, on a donc

$$f(x_1 + h) + f(x) - 2f\left(\frac{x + x_1 + h}{2}\right) = 0,$$

$$f(x_1) + f(x + h) - 2f\left(\frac{x + x_1 + h}{2}\right) = 0.$$

C'est dire que les deux différences $f(x_1 + h) - f(x_1)$ et $f(x + h) - f(x)$ sont égales ou, en d'autres termes, que $f(x)$ s'accroît de quantités égales quand la variable s'accroît toujours de la même quantité. D'après un raisonnement bien connu et qu'on développe ordinairement à l'occasion du mouvement uniforme on doit conclure de là que f est une fonction linéaire. D'où le théorème de M. Schwarz : *les seules fonctions continues qui ont une dérivée seconde généralisée constamment nulle sont les fonctions linéaires.* La dérivée d'une différence étant la différence des dérivées, on peut encore dire : *deux fonctions continues dont les dérivées secondes généralisées sont partout finies et égales ne diffèrent que par une fonction linéaire.* Cela fixe le degré d'indétermination du problème qui consiste à chercher une fonction connaissant sa dérivée seconde généralisée; ce problème sera étudié au Chapitre V.

7. *Ensembles de points.* — C'est à l'occasion de la théorie des séries trigonométriques (*voir* n° **61**) que M. G. Cantor a commencé l'étude des ensembles de points. Je me contenterai de rappeler ici un certain nombre des définitions posées par M. Cantor, renvoyant pour une étude plus complète à la Note qui termine mes *Leçons sur l'Intégration.*

Un point P est *point limite* de l'ensemble E si tout domaine [1], contenant P à son intérieur, contient aussi des points de E. L'ensemble des points limites de E constitue le *dérivé* E′ de E. Le dérivé E″ de E′ est le second dérivé de E. On forme ainsi une suite finie ou même transfinie de dérivés. Si l'un d'eux ne contient aucun point, E est dit *réductible*.

8. *Ensembles mesurables; fonctions mesurables* [2]. — Appelons *intervalle* les domaines spéciaux obtenus en assujettissant chacune des coordonnées à une inégalité telle que $a_i < x_i < b_i$. La mesure d'un tel intervalle, les axes étant rectangulaires, est par définition le produit des différences $(b_i - a_i)$.

Soit E un ensemble de points tous contenus à l'intérieur d'un intervalle I. Enfermons les points de E dans une infinité dénombrable d'intervalles i et soit α la limite inférieure de la somme des mesures des i quand on choisit ces intervalles de toutes les manières possibles. Soit β la limite analogue relative à l'ensemble des points de I ne faisant pas partie de E. Si $\alpha + \beta$ est égale à la mesure de I, E est dit *mesurable* et sa *mesure* est égale à α. La mesure d'un ensemble ne dépend ni des axes de coordonnées ni, ce qui est la même chose, de la position de l'ensemble par rapport à ces axes.

L'ensemble somme de E et de E_1, c'est-à-dire celui qui est formé à l'aide des points de E et de E_1, est mesurable si E et E_1 le sont. La mesure de $E + E_1$ est la somme des mesures de E et de E_1, si E et E_1 n'ont pas de point commun. Ce théorème s'étend à la somme d'un nombre fini quelconque d'ensembles et même à la somme d'une infinité dénombrable d'ensembles.

Si l'on considère les ensembles mesurables $E_1, E_2, \ldots$ en nombre fini ou dénombrable, l'ensemble $\mathcal{E}$ des points appartenant à la fois à tous les E_i est aussi dénombrable; sa mesure est la limite inférieure des mesures des E_i dans le cas particulier où chaque ensemble E_i contient les ensembles d'indices plus grands, E_{i+1}, E_{i+2}, ...

---

[1] Il s'agit ici des points d'un espace ayant un nombre quelconque de dimensions.

[2] Pour les démonstrations, voir mes *Leçons sur l'Intégration*, Chap. III et VII.

A l'aide de ces énoncés on s'assurera facilement que tous les ensembles actuellement connus sont mesurables.

On dit qu'une fonction f d'une ou plusieurs variables, définie dans un certain intervalle, est mesurable si, quels que soient a et b, l'ensemble des points pour lesquels on a $a < f < b$ est mesurable. Les fonctions continues sont évidemment mesurables, puisque, pour les fonctions continues, les ensembles considérés peuvent être obtenus en formant des sommes d'intervalles. De même, les fonctions croissantes sont mesurables, donc les fonctions à variation bornée le sont aussi, car la somme et le produit de deux fonctions mesurables sont des fonctions mesurables; la limite d'une suite de fonctions mesurables est mesurable. Démontrons, par exemple, cette dernière propriété; soit f la limite des fonctions mesurables $f_1, f_2, \ldots$. Désignons par E_n l'ensemble des points en lesquels on a $a < f_n < b$; E_n est mesurable. Soit E^n l'ensemble, mesurable, des points communs à $E_n, E_{n+1}, E_{n+2}, \ldots$. Soit enfin E la somme $E^1 + E^2 + \ldots$; il est évident que E est mesurable, et c'est l'ensemble des points en lesquels on a $a < f < b$.

De là résulte, en particulier, qu'une série trigonométrique convergente ne peut représenter qu'une fonction mesurable; d'ailleurs, toutes les fonctions actuellement connues sont mesurables.

9. *Théorème sur la convergence des séries.* — Soit une suite $f_1, f_2, \ldots$ de fonctions mesurables, l'ensemble des points où elle converge est mesurable. On obtient, en effet, cet ensemble $\mathcal{E}$ par le procédé suivant. On forme les ensembles $E_{n,p,N}$ à l'aide des points en lesquels on a $|f_n - f_{n+p}| < \frac{1}{N}$; on prend les points communs à tous les ensembles $E_{n,p,N}$, ayant les mêmes indices n et N, ils forment un ensemble $E_{n,N}$; on forme les sommes E_N de tous les ensembles $E_{n,N}$ ayant N pour second indice; on prend enfin l'ensemble $\mathcal{E}$ des points communs à tous les E_N, où N est entier. Tous les $E_{n,p,N}$, $E_{n,N}$, E_N, $\mathcal{E}$ sont mesurables.

Ceci posé, soient e_p l'ensemble mesurable des points en lesquels on a $|f_p - f| < \varepsilon$ et $\mathcal{E}_p$ l'ensemble mesurable des points communs à $e_p, e_{p+1}, \ldots$. L'ensemble mesurable $\mathcal{E}_1 + (\mathcal{E}_2 - \mathcal{E}_1) + (\mathcal{E}_3 - \mathcal{E}_2) + \ldots$ contient $\mathcal{E}$, il est formé d'ensembles sans point commun, donc, en prenant dans la série précédente un nombre n, suffisamment grand de termes, on a un ensemble somme (qui n'est autre que $\mathcal{E}_p$) dont la mesure est au moins égale à celle de $\mathcal{E}$.

De ce raisonnement général tirons deux énoncés particuliers qu'on utilisera plus loin (¹). Pour cela remarquons que f est la somme de la série convergente $f_1 + (f_2 - f_1) + \ldots$

Pour les points de $\mathcal{E}_n$ tous les restes de cette série, à partir du $n^{\text{ième}}$, sont inférieurs en valeur absolue à ε, et tous les termes, à partir du $n^{\text{ième}}$, sont inférieurs en valeur absolue à 2ε. Donc : *si une série de fonctions mesurables converge en tous les points d'un intervalle, les points de cet intervalle pour lesquels l'un des restes, à partir du $n^{ième}$, n'est pas inférieur à $\varepsilon > 0$, en valeur absolue, est de mesure aussi petite que l'on veut, à condition de prendre n assez grand;* ou encore : *Soit Γ_n l'ensemble des points en lesquels le $n^{ième}$ terme d'une série de fonctions mesurables ne surpasse pas, en valeur absolue, un nombre positif 2ε; s'il existe une infinité d'ensembles Γ_n dont la mesure ne surpasse pas η, on peut affirmer que la mesure de l'ensemble des points de convergence est au plus égale à η.*

10. *Définition de l'intégrale.* — Soit f une fonction mesurable; divisons l'intervalle à une dimension $(-\infty, +\infty)$ en une infinité dénombrable d'intervalles partiels à l'aide de nombres croissants $l_i (i = 0, 1, 2, \ldots$ d'une part, $-1, -2, \ldots$ d'autre part), tels que $l_{i+1} - l_i$ ne surpasse jamais η. Soit e_i la mesure de l'ensemble des points en lesquels on a

$$l_i \leqq f < l_{i+1} \text{ (²)};$$

formons la série infinie dans les deux sens

$$\sum_{-\infty}^{+\infty} l_i e_i = \mathrm{A}.$$

(¹) Pour un autre énoncé *voir* LEBESGUE, *Sur une propriété des fonctions* (*Comptes rendus de l'Académie des Sciences*, 28 décembre 1904).

(²) Cet ensemble est mesurable, car il est formé des points qui appartiennent, quel que soit l'entier n, à l'ensemble des points en lesquels on a

$$l_i - \frac{1}{n} < f < l_{i+1}.$$

En général, cette série ne sera pas absolument convergente, mais elle le sera toutes les fois que f sera bornée, puisque la série se réduit alors à une suite finie; elle sera aussi convergente pour certaines fonctions non bornées. A toutes ces fonctions on donne le nom de *fonctions sommables;* toute fonction mesurable bornée est sommable.

Supposons f sommable et intercalons entre les l_i d'autres nombres; la série A sera remplacée par une série analogue A_1, qu'on vérifiera facilement être absolument convergente, plus grande que A et plus petite que $A + \eta \times$ mesure de $I = B$. Opérant encore de même on trouve A_2 au moins égale à A_1, au plus égale à B. En continuant ainsi, de manière à faire tendre vers zéro les nombres analogues à η, on a une suite de nombres $A, A_1, A_2, \ldots$ non décroissants qui tendent vers une limite au plus égale à B; cette limite est appelée *l'intégrale* de f dans I.

Par le raisonnement classique on vérifie que cette intégrale est indépendante des nombres l_i choisis. Pour le développement de la démonstration, je renverrai à mes *Leçons sur l'Intégration* déjà citées; on y trouvera aussi les démonstrations d'un certain nombre de propriétés qui seront utilisées dans la suite et que je vais énoncer.

La définition de l'intégrale qui vient d'être donnée, et qui est la seule adoptée dans la suite, est plus générale que celle à l'aide de laquelle Riemann définit l'intégrale des fonctions bornées. Toutes les fonctions intégrables au sens de Riemann sont sommables et la définition ci-dessus indiquée conduit à leur attribuer la même intégrale que la définition de Riemann.

La définition classique, que nous n'adoptons pas ici, conduit à attribuer à une fonction $f(x)$ non bornée autour de $x = 0$, et autour de ce point seulement, une intégrale dans $(0, 1)$ égale à la limite, si elle existe, de l'intégrale dans $(\varepsilon^2, 1)$, quand ε tend vers zéro. Il importe de remarquer que cette définition peut s'appliquer sans que la définition adoptée ici s'applique; la fonction $\frac{1}{x} \sin \frac{1}{x}$ en est un exemple. Avec la définition adoptée, si $f(x)$ a une intégrale, $|f(x)|$ en a une aussi, ce qui n'est pas vrai nécessairement avec la définition classique $\left[\text{exemple, } f(x) = \frac{1}{x} \sin\left(\frac{1}{x}\right)\right]$; plus généralement, si f est sommable, et si φ est sommable et bornée, $f\varphi$ est sommable. Cela nous permettra d'affirmer que $f\cos px$ et $f\sin px$ sont sommables dès que f l'est.

On démontre aussi que $f+\varphi$ est sommable quand f et φ le sont, et que l'intégrale de la somme est la somme des intégrales. Nous utiliserons aussi ce fait que le domaine d'intégration peut être divisé en autant de domaines partiels que l'on veut, à condition de faire la somme des intégrales étendues à ces domaines. On peut même diviser le domaine en ensembles mesurables et faire la somme des intégrales étendues à chacun de ces ensembles, en entendant par intégrale de f dans l'ensemble E l'intégrale de la fonction φ égale à f pour les points de E et nulle pour les autres points.

Ce sont les intégrales qui viennent d'être définies que je désignerai par les notations classiques

$$\int_a^b f\,dx, \qquad \int\int f\,dx\,dy, \qquad \dots$$

Relativement aux intégrales multiples, il est utile aussi de savoir qu'on peut les calculer à l'aide d'intégrales simples successives, comme s'il s'agissait de fonctions continues, toutes les fois que les intégrales simples auxquelles on est conduit existent, ce qui arrive, en particulier, toutes les fois qu'il s'agit d'une fonction bornée représentable par une série de fonctions continues, et c'est le seul cas que nous rencontrerons [1].

11. *Propriétés de l'intégrale indéfinie.* — Je n'ai pas énoncé toutes les propriétés de l'intégrale qui seront employées; celles que j'ai indiquées suffiront à montrer combien l'intégrale des fonctions sommables se rapproche de l'intégrale des fonctions continues. Voici maintenant quelques propriétés fondamentales de l'*intégrale indéfinie* d'une fonction sommable f d'une seule variable x.

On appelle ainsi la quantité $K+\int_a^x f\,dx$; cette fonction de x est continue; de plus, comme elle croît moins vite que la fonction

[1] Pour la démonstration voir les n°s 36 à 40 de ma Thèse : *Intégrale, Longueur, Aire* (*Annali di Matematica*, 1902).

croissante $\int_a^x |f|\,dx$, elle est à variation bornée, et nous avons une limite supérieure de sa variation totale (n° 4).

Une autre propriété fondamentale est la suivante : f est la dérivée de son intégrale indéfinie en tous les points, sauf, tout au plus, pour ceux d'un ensemble de mesure nulle (§ VI, Chap. VIII, de mes *Leçons sur l'Intégration*) ; complétons ce résultat.

Les points où $f(x) - \alpha$ n'est pas la dérivée de son intégrale indéfinie forment un ensemble de mesure nulle $E(\alpha)$. Soit $\mathcal{E}$ l'ensemble somme des $E(\alpha)$ correspondant aux α rationnels. Soient x_0 une valeur n'appartenant pas à $\mathcal{E}$, α un nombre irrationnel quelconque, β un nombre rationnel voisin de α. On a

$$\big|\, |f(x) - \alpha| - |f(x) - \beta| \,\big| \leqq |\beta - \alpha|,$$

d'où

$$\left| \frac{1}{|x - x_0|} \int_{x_0}^{x} |f(x) - \alpha|\,dx - \frac{1}{|x - x_0|} \int_{x_0}^{x} |f(x) - \beta|\,dx \right| \leqq |\beta - \alpha|.$$

Or, d'après nos hypothèses, le second terme du premier membre diffère de $|f(x_0) - \beta|$ de moins de ε pourvu que x soit pris dans un intervalle $(x_0 - h, x_0 + h)$ assez petit. Donc on a

$$\left| \frac{1}{|x - x_0|} \int_{x_0}^{x} |f(x) - \alpha|\,dx - |f(x_0) - \beta| \right| \leqq |\beta - \alpha| + \varepsilon,$$

$$\left| \frac{1}{|x - x_0|} \int_{x_0}^{x} |f(x) - \alpha|\,dx - |f(x_0) - \alpha| \right| \leqq 2\,|\beta - \alpha| + \varepsilon;$$

et, puisque ε et $\beta - \alpha$ sont aussi petits que l'on veut, $|f(x) - \alpha|$ est pour $x = x_0$ la dérivée de son intégrale indéfinie. *Ainsi, sauf tout au plus quand x_0 appartient à un ensemble $\mathcal{E}$ de mesure nulle, $|f(x) - \alpha|$ est, pour $x = x_0$, la dérivée de son intégrale indéfinie, quel que soit α et, en particulier, pour $\alpha = f(x_0)$.*

On utilisera plus loin la formule d'intégration par parties :

$$\int_a^b \mathrm{U} v\,dx = [\mathrm{U}(b)\,\mathrm{V}(b) - \mathrm{U}(a)\,\mathrm{V}(a)] - \int_a^b u \mathrm{V}\,dx,$$

dans laquelle U et V désignent des intégrales indéfinies de u et v. On verrait en effet, en remplacant U et V par les intégrales qu'elles représentent, que la formule précédente exprime seulement, dans un cas particulier, la possibilité de remplacer une intégrale multiple par des intégrales simples successives.

On admettra facilement aussi que si $f(x)$ est compris constamment entre m et M on a, pour $a < b$,

$$m(b-a) < \int_a^b f(x)\,dx < \mathrm{M}(b-a);$$

si l'on applique cette égalité à $(x, x+h)$ on voit que l'on a, pour l'intégrale indéfinie F de f,

$$m < \frac{\mathrm{F}(x+h)-\mathrm{F}(x)}{h} < \mathrm{M}.$$

De même, en intégrant F, on obtient $\mathfrak{F}$ telle que

$$m < \frac{\mathfrak{F}(x+h)+\mathfrak{F}(x-h)-2\mathfrak{F}(x)}{h^2} < \mathrm{M}.$$

12. *Théorème sur l'intégration des séries.* — *Soit une suite convergeant dans un intervalle* I *vers une fonction* f *et formée de fonctions mesurables* $f_1, f_2, \ldots$ *toutes inférieures en valeur absolue à une constante* K. Soit E_n l'ensemble des points de I en lesquels quelqu'une des différences $|f_{n+p}-f|$ est supérieure à ε; soit $e_n = \mathrm{I} - \mathrm{E}_n$. On a

$$\int_{\mathrm{I}} f_{n+p}\,dx = \int_{e_n} f_{n+p}\,dx + \int_{\mathrm{E}_n} f_{n+p}\,dx.$$

La première intégrale du second membre diffère de $\int_{e_n} f\,dx$ au plus de ε multiplié par la mesure de e_n, donc au plus de εi, i désignant la mesure de I. La seconde intégrale du second membre est inférieure en valeur absolue à K multiplié par la mesure m_n de E_n et cela est vrai aussi de $\int_{\mathrm{E}_n} f\,dx$. Donc on a

$$\left|\int_{\mathrm{I}} f\,dx - \int_{\mathrm{I}} f_{n+p}\,dx\right| < 2\mathrm{K}m_n + \varepsilon i;$$

et, puisque m_n tend vers zéro et que ε est aussi petit que l'on veut, il est démontré que, *dans les conditions indiquées, l'intégrale de f est la limite de l'intégrale de f_n.*

Si l'on écrit $f = f_1 + (f_2 - f_1) + \dots$ on a un théorème sur l'intégration des séries qui comprend, comme cas particulier, le théorème bien connu sur les séries uniformément convergentes.

Remarquons encore qu'il importerait peu que la suite ne tendît pas vers f pour les points d'un ensemble de mesure nulle $\mathcal{E}$, car, d'une part, il suffirait de faire rentrer les points de $\mathcal{E}$ dans E_n et, d'autre part, quelles que soient les valeurs attribuées à f pour les points de $\mathcal{E}$, l'intégrale de f restera la même.

13. *Théorème général sur les fonctions sommables.* — Ce théorème va nous faire connaître une propriété de toutes les fonctions sommables qui, dans le cas particulier des fonctions continues, résulte immédiatement de la continuité uniforme. J'énonce ce théorème pour le cas d'une seule variable : *Si $f(x)$ est sommable, l'intégrale*

$$J(f, \delta) = \int_\alpha^\beta |f(x+\delta) - f(x)|\,dx \qquad (\alpha < \beta)$$

tend vers zéro avec δ.

Remarquons que l'énoncé suppose f définie dans (α, γ) plus grand que (α, β) et qu'on doit prendre δ au plus égal à $\gamma - \beta$. Maintenant on a, f et f_1 étant sommables,

$$J(f, \delta) \leqq 2\int_\alpha^\gamma |f|\,dx. \qquad J(f, \delta) \leqq J(f_1, \delta) + J(f - f_1, \delta);$$

d'où

$$J(f, \delta) \leqq J(f_1, \delta) + 2\int_\alpha^\gamma |f - f_1|\,dx.$$

Ceci posé, si l est assez grand, en appelant f_1 la fonction égale à f pour $|f| < l$ et à zéro pour $|f| > l$, $\int_\alpha^\gamma |f - f_1|\,dx$ sera plus petite que ε, d'où

$$J(f, \delta) \leqq J(f_1, \delta) + 2\varepsilon,$$

et il suffit de démontrer le théorème pour la fonction bornée f_1.

Divisons $(-l, +l)$ en $2p$ parties égales et soit f'_λ (λ prend les valeurs $-p, -p+1, \ldots, p-1, p$) la fonction égale à f_1 pour les points où l'on a $\frac{\lambda l}{p} \leqq f_1 < \frac{(\lambda+1)l}{p}$ et nulle ailleurs. Des formules du début, il résulte que l'on a

$$J(f_1, \delta) \leqq \sum_{-p}^{+p} J(f'_\lambda, \delta) + 2\int_\alpha^\gamma \left(f - \sum_{-p}^{+p} f'_\lambda \right) dx,$$

et comme, dès que p est assez grand, le second terme du second membre est aussi petit que l'on veut, il suffit de démontrer la propriété pour une fonction, telle que f'_λ, ne prenant que deux valeurs o et A.

Soit φ une telle fonction ne prenant que les valeurs o et A. Soient E l'ensemble des points où φ diffère de zéro, $\mathcal{E}$ un ensemble d'intervalles contenant E et dont la mesure ne diffère de celle de E que de η au plus; soit $\mathcal{E}_1$ un ensemble formé à l'aide d'un nombre fini des intervalles de $\mathcal{E}$ et dont la mesure ne diffère de celle de $\mathcal{E}$ que de η au plus. Soient enfin Φ et Φ_1 deux fonctions égales à A pour les points de $\mathcal{E}$ et $\mathcal{E}_1$ respectivement et nulles pour les autres points. Alors on a

$$\int_\alpha^\gamma |\varphi - \Phi| \, dx \leqq |A| \eta, \qquad \int_\alpha^\gamma |\Phi - \Phi_1| \, dx \leqq |A| \eta,$$

d'où

$$J(\varphi, \delta) \leqq J(\Phi_1, \delta) + 4|A|\eta,$$

et il suffit de démontrer le théorème pour Φ_1. Mais Φ_1 n'ayant qu'un nombre fini de points de discontinuité on peut trouver Φ_2 continue et telle que $\int_\alpha^\gamma |\Phi_1 - \Phi_2| \, dx$ soit inférieure à ε, alors on a

$$J(\Phi_1, \delta) \leqq J(\Phi_2, \delta) + 2\varepsilon;$$

et, comme le théorème est vrai pour Φ_2, la démonstration est achevée.

CHAPITRE I.

DÉTERMINATION DES COEFFICIENTS DES SÉRIES TRIGONOMÉTRIQUES REPRÉSENTANT UNE FONCTION DONNÉE.

14. *Définition des séries trigonométriques.* — Une série trigonométrique est de la forme

$$\frac{1}{2}a_0 + (a_1 \cos x + b_1 \sin x) + (a_2 \cos 2x + b_2 \sin 2x) + \ldots,$$

les a et les b étant constants; cette série peut aussi s'écrire

$$\rho_0 + \rho_1 \cos(x - \theta_1) + \rho_2 \cos 2(x - \theta_2) + \ldots,$$

les ρ et les θ étant constants.

Lorsqu'une telle série est convergente elle représente une fonction de x de période 2π; aussi, lorsqu'on s'occupera de la représentation d'une fonction $f(x)$ par une série trigonométrique, on supposera toujours qu'il ne s'agit de la représentation de $f(x)$ que dans un intervalle $(\alpha, 2\pi + \alpha)$ [1] d'étendue 2π et l'on modifiera, s'il est nécessaire, $f(x)$ en dehors de cet intervalle de façon que l'on ait toujours $f(x + 2\pi) = f(x)$. Cette opération conduira, en général, à une fonction discontinue aux points $\alpha + 2k\pi$; dans les cas ordinaires, ces points de discontinuité seront de première espèce.

Si x et x_1 ne diffèrent que d'un multiple entier de 2π, ils jouent le même rôle dans les raisonnements, aussi sera-t-il toujours presque inutile de distinguer x et x_1. Nous écrirons, en empruntant cette notation à l'arithmétique et à la théorie des fonctions elliptiques, $x \equiv x_1$ qu'on lira « *x est congrue à x_1* »; étant sous-

(1) L'extrémité $2\pi + \alpha$ est exclue.

entendu, sauf indication expresse du contraire, *suivant le module* 2π.

Si, dans une série trigonométrique, tous les b sont nuls, on a une *série de cosinus;* si tous les a sont nuls, on a une *série de sinus.* Ces séries furent seules considérées au début, mais elles ont l'inconvénient de changer de forme si l'on transforme x en $x+k$, tandis que cela n'arrive pas pour les séries trigonométriques complètes. En d'autres termes, l'origine $x=0$ n'est pas un point remarquable pour une telle série tandis que c'est un point jouant un rôle spécial pour une série de cosinus ou de sinus. Dans le premier de ces deux cas, on a, en effet, pour la somme $\varphi(x)$, $\varphi(x)=\varphi(-x)$; et pour la somme $\psi(x)$ d'une série de cosinus on a $\psi(x)=-\psi(-x)$. Ces deux relations, jointes à l'égalité $f(x)=\varphi(x)+\psi(x)$, permettent de calculer les sommes des séries trigonométriques de sinus et de cosinus en lesquels on peut décomposer une série trigonométrique complète de somme $f(x)$, à supposer ces trois séries convergentes. A cause de ces relations on peut soit, comme le fait Fourier, ne s'occuper que de la détermination des coefficients des séries trigonométriques de sinus ou de cosinus propres à la représentation d'une fonction $\varphi(x)$ ou $\psi(x)$ de 0 à π, et en déduire les formules relatives à la représentation d'une fonction $f(x)$ dans $(0, 2\pi)$ par une série complète, soit adopter, comme plus loin, la méthode inverse.

Les séries trigonométriques sont constamment employées en Astronomie et dans certaines parties de la Physique mathématique; on les a utilisées aussi dans toutes les branches des mathématiques pures, même dans la théorie des nombres. On verra plus loin quelques applications géométriques et analytiques immédiates de la théorie des séries trigonométriques, mais je dois signaler dès maintenant le rapport étroit qu'il y a entre les séries entières et les séries trigonométriques. Si l'on fait $z=e^{ix}$ dans la série

$$\frac{1}{2}a_0+\sum(a_p-ib_p)z^p,$$

on retrouve la série trigonométrique écrite au début de ce paragraphe. L'étude des séries trigonométriques est donc l'étude sur une circonférence de la partie réelle d'une fonction analytique.

Si, dans une série trigonométrique, on remplace x par $\frac{2\pi x}{a}$, on a une nouvelle série qu'on appelle ordinairement une série trigonométrique et à laquelle évidemment s'appliqueraient tous nos énoncés moyennant de légers changements ([1]).

15. *Comment fut posé le problème de la représentation d'une fonction arbitraire par une série trigonométrique* ([2]). — Dans un Mémoire *Sur les inégalités du mouvement de Jupiter et de Saturne*, Euler, pour la commodité des calculs pratiques, remplaça des expressions de la forme $(1 - g\cos\omega)^{-\mu}$ par des séries de cosinus ([3]).

Cette transformation paraît avantageuse à Euler, parce que, dans les intégrations qu'il a à effectuer, $\cos p\omega$ va se transformer en $\frac{\sin p\omega}{p}$, et la présence de ce dénominateur p, augmentant la convergence (d'après Euler), diminuera le nombre des termes de la série qu'il faudra calculer pour avoir une approximation suffisante.

Euler est donc conduit à la considération de séries trigonométriques, mais il n'est pas conduit par ses recherches astronomiques à se demander si toute fonction est représentable trigonométriquement. Cette question fut posée par Euler en 1753, à l'occasion

---

([1]) Je laisserai aussi de côté les séries trigonométriques qu'on obtient en remplaçant $\cos px$, $\sin px$ par $\cos n_p x$, $\sin n_p x$; n_p étant l'une des racines d'une équation transcendante, par exemple de l'équation $n\alpha = (1 - h\alpha)\tang n\alpha$ considérée par Fourier.

([2]) Pour toutes les questions historiques relatives à la théorie des séries trigonométriques, on consultera avec profit un *Essai historique sur la représentation d'une fonction arbitraire d'une seule variable par une série trigonométrique* de M. Arnold Sachse qu'on trouvera traduit dans le *Bulletin des Sciences mathématiques et astronomiques* de 1880.

([3]) Le Mémoire d'Euler, bien qu'il ait remporté le prix de l'Institut en 1748, manque à la plupart des collections du *Recueil des pièces ayant remporté le prix de l'Académie royale des Sciences;* on en trouvera la raison dans la Préface du Tome VII de ce Recueil. M. Fatou, auquel j'adresse ici mes remercîments, a bien voulu aller consulter le Mémoire d'Euler à la Bibliothèque de l'Institut et m'en analyser le contenu.

On trouvera des renseignements sur le Mémoire d'Euler dans le Tome II des *Recherches sur différents points du système du monde* de d'Alembert (Paris, 1754) et dans un Mémoire de Clairaut (*Histoire de l'Académie royale des Sciences*, 1754).

d'un Mémoire de Daniel Bernoulli *Sur les cordes vibrantes* [1].

Écartons de sa position d'équilibre une corde tendue dont les deux extrémités sont fixes et abandonnons-la au temps o sans vitesse initiale. Soient l la longueur de la corde en équilibre, y le déplacement au temps t du point qui est à la distance x de l'origine fixe de la corde quand elle est en équilibre. Bernoulli démontre que la formule

$$y = \sum \alpha_p \sin p \frac{\pi x}{l} \cos pkt,$$

dans laquelle k est un coefficient dépendant de la corde, fournit une solution du problème, et il regarde cette solution comme la plus générale possible.

Pour qu'il en soit ainsi, il faut, fit remarquer Euler, que, pour $t = 0$, la formule donnée, qui se réduit alors à

$$y = \sum \alpha_p \sin p \frac{\pi x}{l},$$

puisse représenter la courbe position initiale de la corde. Or, à l'époque d'Euler, on distinguait deux espèces de courbes : les courbes géométriques, pour lesquelles y et x étaient liées par une relation analytique, et les courbes arbitraires qui correspondaient à un trait tracé à volonté [2]. Pour Euler et ses contemporains, il était certain que la seconde catégorie de courbes était plus vaste que la première; or, pour que l'affirmation de Bernoulli fût fondée, il aurait fallu que la courbe arbitraire, position initiale de la courbe, pût se définir analytiquement à l'aide d'une série trigono-

---

(1) Les travaux d'Euler et de Bernoulli sont imprimés dans les *Mémoires de l'Académie de Berlin.*

Pour ce qui concerne la discussion sur les cordes vibrantes, on lira avec intérêt l'*Historique* que Riemann a placé au début de son Mémoire *Sur la possibilité de représenter une fonction par une série trigonométrique* (*Œuvres mathématiques de Riemann*), ou le Chapitre de la Section I des premières *Recherches sur la nature et la propagation du son* de Lagrange (*Œuvres*, t. I).

(2) Jusqu'à Euler, on avait complètement banni ces courbes arbitraires des Mathématiques; à l'occasion du problème des cordes vibrantes, Euler avait cru pouvoir leur appliquer certaines des opérations du Calcul infinitésimal, mais la légitimité de ses raisonnements était généralement contestée.

métrique, c'est-à-dire en somme que toute courbe arbitraire fût une courbe géométrique.

Le cas le plus simple qu'on avait à considérer était celui d'une position initiale polygonale de la corde ([1]). Si l'affirmation de Bernoulli était exacte, il fallait qu'une série trigonométrique pût égaler une fonction linéaire dans un intervalle et une autre fonction linéaire dans un autre intervalle; ou, si l'on veut, il fallait que deux expressions analytiques fussent égales dans un intervalle et inégales dans un autre. Tout cela paraissait impossible ([2]).

La question de la représentation des fonctions arbitraires par une série trigonométrique fut à nouveau posée par Fourier. Le premier problème qu'il traite dans sa *Théorie de la chaleur* peut se ramener au suivant : les deux demi-droites $y > 0$, $x = \pm \frac{\pi}{2}$ sont maintenues à la température zéro, le segment $\left(-\frac{\pi}{2}, +\frac{\pi}{2}\right)$ est maintenu dans un état de température constant et donné, quelle est la distribution de la température, supposée stationnaire, dans la portion du plan, homogène et isotrope, limitée par ces trois segments de droite? Fourier démontre qu'on obtient une solution du problème en prenant, pour la température V,

$$V = \sum \alpha_p e^{-(2p-1)y} \cos(2p-1)x,$$

et ce sera la solution générale si, en faisant, dans cette formule,

---

([1]) « La manière ordinaire, pour ne pas dire l'unique, de faire sortir une corde de son état de repos, c'est de la prendre par un de ses points et de la tendre en la tirant, ce qui lui donne la figure de deux lignes droites qui font un angle entre elles. » (D'ALEMBERT, *Opuscules mathématiques*, t. I, p. 41; *voir* aussi t. IV, p. 149.)

([2]) Comme on admettait que deux expressions analytiques égales dans un intervalle sont égales partout, on admettait qu'il suffit de se donner une fonction à définition analytique dans un intervalle, si petit qu'il soit, pour qu'elle soit par cela même déterminée dans tout son domaine d'existence. D'où le nom de *functiones continuæ* donné par Euler à ces fonctions. C'est après Cauchy que les mots *fonction continue* ont acquis leur sens actuel.

La propriété qu'Euler croyait reconnaître à ses fonctions continues est celle qui caractérise les fonctions analytiques d'une variable complexe. Jusqu'à Weierstrass, qui fit voir que deux expressions analytiques d'une variable complexe peuvent être égales dans un domaine sans être égales partout, on admettait généralement que cette continuité eulérienne appartenait à toute fonction de variable complexe définie par un procédé analytique.

$y = 0$, on peut représenter la loi arbitraire de température donnée pour $-\frac{\pi}{2} < x < \frac{\pi}{2}$. C'est à nouveau la possibilité de représenter une fonction arbitraire par une série trigonométrique qui est en question.

Pour le cas le plus simple, celui où V est constant de $-\frac{\pi}{2}$ à $\frac{\pi}{2}$, Fourier est ainsi conduit à la considération de la série (C) que l'on verra plus loin (n° 21) et qui est égale à $\frac{\pi}{4}$ de $-\frac{\pi}{2}$ à $\frac{\pi}{2}$ et à $-\frac{\pi}{4}$ de $\frac{\pi}{2}$ à $\frac{3\pi}{2}$. De sorte qu'une série trigonométrique peut représenter des fonctions discontinues (au sens actuel) et que deux expressions analytiques peuvent s'égaler dans un intervalle sans s'égaler partout (¹).

Nous allons maintenant nous occuper de la détermination des coefficients des séries trigonométriques propres à représenter des fonctions données.

16. *Formules d'Euler et Fourier.* — La méthode classique consiste à raisonner comme si la série trigonométrique cherchée était nécessairement uniformément convergente, ou du moins intégrable (terme à terme) de 0 à 2π, même après multiplication par $\cos px$ ou $\sin px$. Alors, en se servant d'identités évidentes, on obtient les coefficients de la série cherchée, soit

$$f(x) = \frac{1}{2}a_0 + a_1 \cos x + b_1 \sin x + a_2 \cos 2x + b_2 \sin 2x + \ldots,$$

en intégrant cette égalité de 0 à 2π après l'avoir multipliée terme à terme par $\cos px$ ou $\sin px$ (p entier positif ou nul). Cela donne

$$a_n = \frac{1}{\pi}\int_0^{2\pi} f(x)\cos nx\,dx, \qquad b_n = \frac{1}{\pi}\int_0^{2\pi} f(x)\sin nx\,dx;$$

ces formules, dans lesquelles l'intervalle $(0, 2\pi)$ peut être rem-

---

(¹) C'est parce que les fonctions définies analytiquement peuvent ne posséder ni la continuité eulérienne, ni la continuité ordinaire, que l'on renonce en général maintenant à définir les fonctions par les expressions analytiques.

Ici, j'ai adopté la définition de Riemann : y est fonction de x quand, à x arbitraire, correspond une valeur bien déterminée de y.

placé par l'intervalle $(\alpha, 2\pi+\alpha)$, sont connues sous le nom de *formules d'Euler et Fourier*. Riemann croyait qu'elles étaient dues à Fourier; en réalité, Euler les avait démontrées antérieurement par le procédé que je viens d'indiquer ([1]) pour le cas d'une série de cosinus. Pour ce cas et pour celui d'une série de sinus, si l'on pose

$$f(x) = \frac{1}{2}\alpha_0 + \sum \alpha_n \cos nx \qquad \text{ou} \qquad f(x) = \sum \beta_n \sin nx,$$

les formules précédentes deviennent, en tenant compte de la remarque du n° **14**,

$$\alpha_n = \frac{2}{\pi}\int_0^\pi f(x)\cos nx\,dx, \qquad \beta_n = \frac{2}{\pi}\int_0^\pi f(x)\sin nx\,dx \quad ([2]).$$

17. *Formules d'interpolation.* — L'une des méthodes qu'a employées Euler pour calculer les coefficients α_n conduit à des formules d'interpolation trigonométrique intéressantes. Cette méthode n'est pas rigoureuse, elle suppose que la série $\sum \alpha_n$ est absolument convergente.

Dans la formule $f(x) = \frac{1}{2}\alpha_0 + \sum \alpha_p \cos px$, faisons successi-

---

([1]) *Nova Acta Akad. Petropolitanæ*, t. XI, année 1793, Volume paru en 1798.

([2]) Voici quelques indications historiques : Dans son Mémoire de 1748, Euler donne l'expression de α_n à l'aide de séries (*voir* n° 18). Euler donne de plus, sans démonstration, des expressions approchées de α_0 et α_1 qu'il avait très probablement obtenues par la méthode qu'il a fait connaître en 1798, dans le Tome déjà cité des *Nova Acta*, en même temps que la formule générale du texte qui fournit α_n.

Avant l'apparition des Mémoires d'Euler (datés du 26 mai 1777), on trouve la formule qui donne α_0 à la page 66 du Tome II des *Recherches* de d'Alembert *sur différents points du système du monde* (1754). La formule générale qui donne α_n se trouve dans un Mémoire de Clairaut (daté du 9 juillet 1757), publié en 1759 dans l'*Histoire de l'Académie royale des Sciences*, année 1754.

Une formule fort voisine de celle qui donne β_n se trouve dans un Mémoire de Lagrange, paru de 1762 à 1765 (page 553 du Tome I de ses *Œuvres complètes*).

Enfin, les formules qui donnent α_n, β_n, a_n, b_n se trouvent dans la *Théorie analytique de la chaleur*, par Fourier (Art. 219 et suiv.). Fourier avait d'abord fait connaître ses résultats par une Note communiquée à l'Académie des Sciences le 21 décembre 1807.

Dans les paragraphes suivants, les méthodes qui ont été employées par ces géomètres se trouvent indiquées.

vement $x = 0, \frac{\pi}{n}, 2\frac{\pi}{n}, \ldots, (n-1)\frac{\pi}{n}$ et ajoutons les résultats. Le coefficient de α_p sera la somme des cosinus des arcs se terminant aux sommets d'un polygone régulier. Par suite ce coefficient est nul, sauf si tous les arcs ont même extrémité, ce qui exige que p soit divisible par $2n$ (¹). Nous avons donc

$$\frac{1}{n}\sum_{i=0}^{n-1} f\left(i\frac{\pi}{n}\right) = \frac{1}{2}\alpha_0 + \sum_{q=1}^{\infty}\alpha_{2qn};$$

avec nos hypothèses, il est légitime de négliger la série du second membre dès que n est assez grand, et l'équation précédente fournit une valeur approchée de α_0.

De même partons de la formule

$$\begin{aligned} f(x)\cos zx &= \frac{1}{2}\alpha_0 \cos zx + \sum_{p=1}^{\infty}\alpha_p \cos px \cos zx \\ &= \frac{1}{2}\alpha_0\cos zx + \frac{1}{2}\sum_{p=1}^{\infty}\alpha_p\cos(p+z)x + \alpha_p\cos(p-z)x; \end{aligned}$$

faisons y $x = 0, \frac{\pi}{n}, \ldots, (n-1)\frac{\pi}{n}$ et ajoutons. Pour $z < n$ on

---

(¹) Cela peut aussi se vérifier à l'aide des formules qui donnent les sommes de sinus ou de cosinus d'arcs en progression arithmétique

$$\sum_{p=0}^{p=m}\sin(a+pz) = \frac{\sin\left(a+\frac{m}{2}z\right)\sin\frac{m+1}{2}z}{\sin\frac{1}{2}z},$$

$$\sum_{p=0}^{p=m}\cos(a+pz) = \frac{\cos\left(a+\frac{m}{2}z\right)\cos\frac{m+1}{2}z}{\sin\frac{1}{2}z};$$

la seconde donne, en particulier, une formule qu'on utilisera plus loin

$$\frac{1}{2} + \sum_{p=1}^{p=m}\cos pz = \frac{\sin\left(m+\frac{1}{2}\right)z}{2\sin\frac{1}{2}z}.$$

trouve

$$\frac{2}{n}\sum_{i=0}^{n-1} f\left(i\frac{\pi}{n}\right)\cos z\frac{i\pi}{n} = \alpha_z + \sum_{q=1}^{\infty}(\alpha_{2qn-z} + \alpha_{2qn+z});$$

formule d'où l'on tire une valeur approchée de α_z.

Ces valeurs approchées seraient rigoureusement exactes si tous les coefficients, à partir de α_n, étaient nuls. Donc, si l'on pose

$$\alpha'_p = \frac{2}{n}\sum_{i=0}^{i=n-1} f\left(i\frac{\pi}{n}\right)\cos p\frac{i\pi}{n}, \qquad \varphi(x) = \frac{1}{2}\alpha'_0 + \sum_{p=1}^{p=n-1}\alpha'_p\cos px;$$

la fonction $\varphi(x)$ égale $f(x)$ pour $x = 0, \frac{\pi}{n}, \dots, (n-1)\frac{\pi}{n}$. Cette formule d'interpolation trigonométrique est due à Clairaut qui a remarqué, de plus, qu'en faisant croître n, α'_p tend vers la valeur α_p définie par les formules du paragraphe précédent.

On peut traiter de même le cas d'une série de sinus; cela conduit à poser

$$\beta'_p = \frac{2}{n}\sum_{i=1}^{i=n-1} f\left(i\frac{\pi}{n}\right)\sin p\frac{i\pi}{n}, \qquad \psi(x) = \sum_{p=1}^{p=n-1}\beta'_p\sin px,$$

la fonction $\psi(x)$ ainsi définie égale $f(x)$ pour $x = \frac{\pi}{n}, 2\frac{\pi}{n}, \dots, (n-1)\frac{\pi}{n}$. Cette formule d'interpolation est due à Lagrange.

On a parfois considéré comme évident que $\varphi(x)$ et $\psi(x)$ tendent vers $f(x)$ quand n augmente indéfiniment; cela n'est nullement certain et il se pourrait que, pour certaines fonctions $f(x)$, les fonctions $\varphi(x)$ et $\psi(x)$ ne s'approchent pas indéfiniment de $f(x)$ (1). Je me contente de signaler cette question et je termine ce paragraphe en indiquant quelques formules d'interpolation trigonométrique.

---

(1) C'est ainsi que MM. Runge et Borel ont montré récemment que la formule d'interpolation *ordinaire* de Lagrange ne permettait pas, dans tous les cas, l'approximation indéfinie des fonctions continues (*voir* la *Zeitschrift für Math. und Physik*, t. XLVI, p. 229 et les *Leçons sur les fonctions de variables réelles* de M. Borel, p. 75).

Supposons qu'on veuille trouver une série trigonométrique limitée égale à $f(x)$ pour $x = x_1$, $x = x_2$, ..., $x = x_n$. Alors on pourra prendre $\chi(x) = \sum P_i(x) f(x_i)$, $P_i(x)$ étant une série trigonométrique limitée nulle pour toutes les valeurs $x_1, x_2, \ldots, x_n$ sauf pour x_i où elle doit se réduire à 1. On peut prendre, par exemple, $P_1(x)$ égale à l'une des quantités

$$\frac{(\sin x - \sin x_2)(\sin x - \sin x_3)\ldots(\sin x - \sin x_n)}{(\sin x_1 - \sin x_2)(\sin x_1 - \sin x_3)\ldots(\sin x_1 - \sin x_n)},$$

$$\frac{\sin(x - x_2)\sin(x - x_3)\ldots\sin(x - x_n)}{\sin(x_1 - x_2)\sin(x_1 - x_3)\ldots\sin(x_1 - x_n)}.$$

Bien entendu les x_i ne peuvent pas être absolument quelconques; il ne faut, par exemple, avec l'une ou l'autre forme de $P_1(x)$, que l'on ait

$$x_1 = x_2 + 2\pi.$$

Quand on a trouvé une série trigonométrique limitée répondant à la question, on peut évidemment en avoir d'autres. Par exemple, on peut multiplier $P_1(x)$ par $\frac{\lambda(x)}{\lambda(x_1)}$, pourvu que ce soit une série trigonométrique limitée et que $\lambda(x)$ soit différent de zéro; pour $x_1 \neq 0$, on pourrait prendre $\lambda(x) = \sin x$. On peut ajouter à la série trouvée une série de même nature s'annulant pour tous les x_i, par exemple

$$\psi(x)\sin(x - x_1)\sin(x - x_2)\ldots.$$

On peut aussi appliquer la formule à $\frac{f(x)}{z(x)}$ et multiplier le résultat obtenu par $z(x)$, $z(x)$ étant une série trigonométrique limitée ne s'annulant pas pour les valeurs considérées de x [1].

18. *Méthode de Fourier.* — Fourier cherche à déterminer les β_p de façon que l'on ait $f(x) = \sum \beta_p \sin px$, $f(x)$ étant une fonction donnée par sa série de Taylor. Il admet pour cela que

---

[1] Cet artifice est dû à Lagrange (*voir* l'endroit cité de ses *Œuvres*).

l'on peut différentier indéfiniment terme à terme le second membre et il égale les dérivées de f calculées pour $x = 0$ à l'aide de la série entière d'une part, à l'aide de la série trigonométrique d'autre part. Pour que cela soit possible il faut évidemment que f et toutes ses dérivées d'ordre pair soient nulles pour $x = 0$; aussi Fourier prend-il $f(x)$ sous la forme

$$f(x) = A_1 x - \frac{A_3}{3!} x^3 + \frac{A_5}{5!} x^5 - \frac{A_7}{7!} x^7 + \ldots.$$

Les A sont connus, les β sont inconnus et l'on a pour les déterminer une infinité d'équations, obtenues par le procédé indiqué, et qui sont de la forme

$$(a) \qquad A_p = \beta_1 + 2^p \beta_2 + 3^p \beta_3 + 4^p \beta_4 + \ldots,$$

p étant un nombre impair quelconque. Pour tirer β_r de ce système infini d'équations à une infinité d'inconnues ([1]) Fourier limite le système aux m ($m > r$) premières équations dans lesquelles il annule toutes les inconnues, à partir de β_{m+1}. La résolution de ce système fournit pour β_r une valeur β_r^m dont Fourier cherche la limite pour m infini. Ce mode de résolution prête à bien des objections : d'abord il n'est pas évident que la limite des β_r^m soit une solution, puis il n'est pas évident que cette limite soit la seule solution. Comme je n'essaierai pas de rendre rigoureuse la méthode de Fourier, j'emploierai un procédé de résolution peut-être plus critiquable encore, mais plus rapide : le procédé des coefficients indéterminés ([2]).

Si nous ajoutons les équations (a) multipliées respectivement par des facteurs $\lambda_1, \lambda_3, \lambda_5, \ldots$, on aura

$$\beta_r = \lambda_1 A_1 + \lambda_3 A_3 + \lambda_5 A_5 + \ldots,$$

([1]) Relativement à de pareils systèmes d'équations on pourra consulter des travaux de MM. Poincaré (*Bull. de la Soc. math. de France*, t. XIII et XIV), Borel (*Annales de l'École Normale*, année 1890), von Koch (*Act. Math.*, t. XV et XVI), Cazzaniga (*Ann. di Mat.*, années 1897 et 1898).

([2]) Il paraît d'ailleurs bien difficile, sauf peut-être pour le cas particulier où f a la période 2π, de rendre rigoureux le procédé qu'emploie Fourier pour déterminer les β; pour le cas simple où $f = x$, ce qui est le premier des exemples de Fourier, les séries qui figurent dans les équations (a) sont divergentes.

à condition que l'on ait, pour q entier positif différent de r,

$$0 = \lambda_1 q + \lambda_3 q^3 + \lambda_5 q^5 + \ldots$$

et

$$1 = \lambda_1 r + \lambda_3 r^3 + \lambda_5 r^5 + \ldots.$$

La fonction

$$\omega(x) = \lambda_1 x + \lambda_3 x^3 + \lambda^5 x^5 + \ldots$$

doit donc être une fonction entière impaire, nulle pour x entier différent de $\pm r$, égale à 1 pour $x = + r$. On peut prendre

$$\begin{aligned}\omega(x) &= (-1)^{r-1} \frac{2r \sin \pi x}{r^2 - x^2} \\ &= \frac{(-1)^{r-1}}{r} \left[r - x^3 \left(\frac{\pi^2}{3!} - \frac{1}{r^2} \right) + x^5 \left(\frac{\pi^4}{5!} - \frac{1}{r^2} \frac{\pi^2}{3!} + \frac{1}{r^4} \right) \right. \\ &\qquad \left. - x^7 \left(\frac{\pi^6}{7!} - \frac{1}{r^2} \frac{\pi^4}{5!} + \frac{1}{r^4} \frac{\pi^2}{3!} - \frac{1}{r^6} \right) + \ldots \right] \text{ (1).}\end{aligned}$$

D'où, puisque A_p égale $f^{(p)}(0)$ au signe près,

$$\begin{aligned}\beta_r = \frac{(-1)^{r-1} 2}{r} \Big[& f'(0) + f^{(3)}(0) \left(\frac{\pi^2}{3!} - \frac{1}{r^2} \right) \\ & + f^{(5)}(0) \left(\frac{\pi^4}{5!} - \frac{1}{r^2} \frac{\pi^2}{3!} + \frac{1}{r^4} \right) + \ldots \Big].\end{aligned}$$

Fourier ordonne la quantité entre crochets suivant les puissances croissantes de $\frac{1}{r}$; les coefficients de ces puissances se calculent par la formule de Taylor et l'on a

$$\beta_r = \frac{(-1)^{r-1} 2}{r \pi} \left[f(\pi) - \frac{1}{r^2} f^{(2)}(\pi) + \frac{1}{r^4} f^{(4)}(\pi) + \ldots \right].$$

---

(1) Si l'on n'apercevait pas cette forme particulière de $\omega(x)$ répondant à la question on pourrait former la fonction entière $\omega(x)$, connaissant ses zéros, à l'aide de la méthode de Weierstrass; on serait ainsi conduit à la fonction $\omega(x)$ choisie dans le texte. Mais il est bien évident que cette fonction n'est pas la seule qui satisfasse aux conditions imposées à $\omega(x)$, son cube y satisferait tout aussi bien; aussi la méthode de résolution du texte est-elle très critiquable. Au sujet de l'indétermination qui se rencontre ici, *voir* une Note de M. Borel *Sur l'interpolation* (*Comptes rendus*, mars 1897) et son Mémoire *Sur les séries divergentes* (*Annales de l'École normale*, 1899, p. 82).

Pour calculer la quantité entre crochets, on remarque qu'elle égale $s(\pi)$, en posant

$$s(x) = f(x) - \frac{1}{r^2} f^{(2)}(x) + \frac{1}{r^4} f^{(4)}(x) + \ldots.$$

Une double différentiation montre que l'on a

$$s + \frac{1}{r^2} \frac{d^2 s}{dx^2} = f(x),$$

équation linéaire dont l'intégrale générale est

$$s = a \cos rx + b \sin rx + r \sin rx \int_0^x f(x) \cos rx \, dx$$
$$- r \cos rx \int_0^x f(x) \sin rx \, dx,$$

a est nul, car s doit être une fonction impaire; de sorte que, pour $x = \pi$, on a

$$s(\pi) = (-1)^{r-1} r \int_0^\pi f(x) \sin rx \, dx,$$

et, par suite, on trouve pour β_r l'expression classique.

La méthode de Fourier est intéressante surtout à cause de l'ingéniosité des transformations qu'effectue Fourier. La première méthode d'Euler, dont il a été parlé au n° 15, permet aussi d'obtenir la formule classique par des transformations analytiques.

Soit la fonction

$$f(x) = \sum A_p \cos^p x:$$

transformons-la à l'aide de l'identité

$$2^{p-1} \cos^p x = \cos px + C_p^1 \cos(p-2)x + C_p^2 \cos(p-4)x + \ldots,$$

le second membre étant continué jusqu'au terme en $\cos x$ ou au terme constant. Ordonnons le résultat obtenu par rapport aux différents cosinus, nous obtenons une série trigonométrique de cosinus, le coefficient de $\cos px$ étant

$$\alpha_p = \frac{A_p}{2^{p-1}} + \frac{C_{p+2}^1 A_{p+2}}{2^{p+1}} + \frac{C_{p+4}^2 A_{p+4}}{2^{p+3}} + \ldots.$$

Ce résultat est dû à Euler; pour transformer l'expression de α_p nous remarquerons que l'identité indiquée entraîne

$$\int_0^{2\pi} \cos^q x \cos p x \, dx = 0 \qquad \text{ou} \qquad \frac{\pi}{2^{q-1}} C_q^{\frac{q-p}{2}};$$

la première forme convient au cas où q est plus petit que p et au cas où $q-p$ est impair, la seconde forme convient aux autres cas. De là résulte que l'on a

$$\alpha_p = \frac{1}{\pi} \sum A_q \int_0^{2\pi} \cos^q x \cos p x \, dx = \frac{1}{\pi} \int_0^{2\pi} f(x) \cos p x \, dx,$$

pourvu que la série $\sum A_p \cos^p x$ soit convergente dans $(0, 2\pi)$. α_0 s'obtient par un procédé analogue.

19. *Séries de Fourier.* — Les méthodes du numéro précédent ne s'appliquent que dans des cas très particuliers; dans les cas où les méthodes du n° 17 s'appliquent, celles du n° 16 s'appliquent aussi. C'est donc ce n° 16 qui nous fournit le résultat le plus général, mais il ne répond cependant pas à la question que nous nous étions posée : *quelles sont les séries trigonométriques propres à la représentation d'une fonction donnée*. Nous reviendrons sur ce problème au Chapitre V; les Chapitres II, III et IV seront consacrés à l'étude des séries trigonométriques remarquables dont les coefficients sont donnés par les formules d'Euler et de Fourier, séries auxquelles, suivant l'habitude, nous donnerons le nom de *séries de Fourier*.

Pour éviter toute confusion, il importe de bien se rappeler le sens qu'on est convenu de donner au signe $\int$ (n° 10). Pour qu'une fonction admette une série de Fourier, il faut et il suffit qu'elle soit sommable, auquel cas f et $|f|$ ont une intégrale. La fonction $\frac{1}{x} \sin \frac{1}{x}$, par exemple, n'a pas de série de Fourier, bien qu'avec la définition ordinaire de l'intégrale, définition que nous n'avons pas adoptée, elle ait une intégrale. Les séries qu'on obtiendrait en donnant aux intégrales qui figurent dans les formules d'Euler et Fourier un autre sens que celui qui a été adopté ici, je les désigne par le nom de *séries de Fourier généralisées*. Je ne m'en occuperai pas; non pas parce que ces séries sont moins intéressantes que les autres, mais parce que je n'aurais presque rien à en dire [1].

J'exprimerai la correspondance entre une fonction et sa série de Fourier par la notation

$$f(x) \sim \frac{1}{2} a_0 + (a_1 \cos x + b_1 \sin x) + (a_2 \cos 2x + b_2 \sin 2x) + \ldots,$$

empruntée à M. Hurwitz et qu'on peut énoncer : $f(x)$ a pour série de Fourier la série $\frac{1}{2} a_0 + (a_1 \cos x + b_1 \sin x) + \ldots$.

Rien, dans ce qui précède, ne nous permet d'affirmer que le signe $\sim$ peut être remplacé par le signe $=$ pour toutes les fonctions qui ont une série de Fourier [2]; nous rechercherons dans les Chapitres II et III des conditions sous lesquelles la série de Fourier d'une fonction f est convergente et représente f. On a parfois prétendu prouver la convergence des séries de Fourier par des arguments physiques; par exemple, on a dit : une fonction $f(x)$ de période 2π et continue peut être considérée comme définissant la position au temps x de l'extrémité d'une lame vibrante. Cette lame rend un son qu'on peut décomposer en sons simples (un son fondamental et ses harmoniques) qui correspondent à des mouvements pour lesquels $f(x)$ seraient remplacés par des fonctions

---

(1) A l'occasion du sens à donner au signe $\int$ dans les formules d'Euler et Fourier, la notion de l'intégrale a été précisée par Clairaut, Fourier, Dirichlet, Riemann.

(2) Cela a été cependant admis parfois. Par exemple, bien qu'il parle à certains endroits de la nécessité de démontrer la convergence des séries trigonométriques qu'il forme, Fourier semble admettre que toute fonction qui a une série de Fourier peut être représentée par cette série. Avant lui, Clairaut écrivait au sujet de la méthode de détermination des coefficients indiquée au n° 17 : « Un avantage de la formule précédente, c'est l'universalité de la construction qu'elle donne; elle est telle qu'on peut l'appliquer à des fonctions de t beaucoup plus compliquées que celles que l'on a traitées jusqu'à présent. Dans les cas où la loi de la fonction ne sera pas même donnée algébriquement, dans ceux où la courbe qui l'exprime ne seroit donnée que par plusieurs points, notre manière de résoudre la série s'appliqueroit avec autant de facilité. »

de la forme $\rho_p \cos p(x - \theta_p)$. Donc $f(x)$ est une somme de telles fonctions.

Il est évident que cet argument ne peut remplacer une démonstration mathématique. D'ailleurs, et cela infirme tout essai de ce genre, il existe des fonctions continues non développables en série trigonométrique; cela résultera des Chapitres IV et V [1].

---

[1] Dans un Mémoire de M. Boussinesq (*Journal de Liouville*, 1881) on trouvera d'autres arguments en faveur de la convergence des séries de Fourier. Je signale la méthode employée au paragraphe I de ce travail; quand on la développe rigoureusement comme l'a fait M. P. Staekel (*Nouvelles Annales de Mathématiques*, 1902), cette méthode, qu'on peut rattacher à un théorème de Riemann [*voir* LEBESGUE, *Sur les séries trigonométriques* (*Annales de l'École normale*, 1903)], est susceptible de conduire à une démonstration de la convergence des séries de Fourier, valable dans des cas étendus et qui est la plus simple et la plus intuitive que je connaisse.

CHAPITRE II.

THÉORIE ÉLÉMENTAIRE DES SÉRIES DE FOURIER.

I. — Sommation de séries trigonométriques.

20. *Généralités.* — Lorsqu'une série trigonométrique est donnée par la loi de ses coefficients, on ne sait pas, en général, reconnaître si elle est convergente et encore moins calculer sa somme. Mais, lorsque la loi des coefficients est très simple, ce qui arrive fréquemment dans les applications, on peut parfois calculer la somme de la série à l'aide d'artifices qu'il est bon de connaître et qui ont permis de sommer bien des séries trigonométriques avant les recherches générales sur les séries de Fourier. Ces artifices manquent de rigueur; il serait souvent facile de compléter les raisonnements, mais cela est tout à fait inutile, car, lorsque ces artifices nous ont fait prévoir que la série trigonométrique donnée représente probablement telle fonction $f(x)$, nous pouvons vérifier que cette série est la série de Fourier de $f(x)$ et, par conséquent, nous pouvons appliquer les caractères de convergence qui seront donnés plus loin.

21. *Procédé d'Euler et de Lagrange.* — Je prends comme exemple la série (C)

$$(\mathrm{C}) \qquad \cos x - \frac{1}{3}\cos 3x + \frac{1}{5}\cos 5x - \ldots.$$

Cette série est la partie réelle de la série (Z)

$$(\mathrm{Z}) \qquad z - \frac{z^3}{3} + \frac{z^5}{5} - \frac{z^7}{7} + \ldots,$$

quand on y fait $z = e^{ix}$; alors la partie imaginaire de (Z) est (S)

$$\text{(S)} \qquad \sin x - \frac{1}{3}\sin 3x + \frac{1}{5}\sin 5x \ldots$$

Or on reconnaît la série (Z); c'est celle qui représente la détermination de arc tang z, holomorphe dans le cercle $|z| < 1$, qui est nulle pour $z = 0$.

Si l'on ne se rappelait pas ce que représente (Z), il suffirait de dériver la série (Z) pour retrouver sa valeur :

$$\begin{aligned} \text{arc tang}\, z &= \int_0^z \frac{dz}{1+z^2} = \frac{1}{2}\int_0^z \frac{dz}{1+zi} + \frac{1}{2}\int_0^z \frac{dz}{1-zi} = -\frac{i}{2}\,\mathfrak{L}\,\frac{1+iz}{1-iz} \\ &= -\frac{i}{2}\left\{ \mathfrak{L}\left|\frac{1+iz}{1-iz}\right| + i\left[\arg\left(\frac{1+iz}{1-iz}\right) + 2k\pi\right]\right\}, \end{aligned}$$

en désignant, suivant l'habitude, par $|\alpha|$ et arg α le module et l'argument de α. Comme il s'agit de la détermination holomorphe dans le cercle $|z| < 1$, on doit prendre $k = 0$. Pour $z = e^{ix}$, on a

$$\frac{1+iz}{1-iz} = i\,\frac{\cos x}{1+\sin x} = i\,\frac{1-\text{tang}\,\frac{x}{2}}{1+\text{tang}\,\frac{x}{2}} = i\,\text{tang}\left(\frac{\pi}{4} - \frac{x}{2}\right),$$

$$\text{arc tang}\, z = \pm\frac{\pi}{4} - \frac{i}{2}\,\mathfrak{L}\left|\text{tang}\left[\frac{\pi}{4} - \frac{x}{2}\right]\right|;$$

dans cette formule on doit prendre $+\frac{\pi}{4}$ ou $-\frac{\pi}{4}$ suivant que $\text{tang}\left(\frac{\pi}{4} - \frac{x}{2}\right)$ est positive ou négative.

En définitive, nous trouvons que (C) représente $+\frac{\pi}{4}$ dans $\left(-\frac{\pi}{2}, +\frac{\pi}{2}\right)$ et $-\frac{\pi}{4}$ dans $\left(\frac{\pi}{2}, \frac{3\pi}{2}\right)$; pour $x \equiv \pm\frac{\pi}{2}$ (C) a évidemment une somme nulle. Quant à (S), sa somme peut toujours s'écrire

$$\frac{1}{4}\,\mathfrak{L}\,\text{tang}^2\left(\frac{\pi}{4} + \frac{x}{2}\right);$$

pour $x \equiv \pm\frac{\pi}{2}$ la série est divergente.

Cette méthode est celle que l'on emploie le plus souvent dans la pratique; elle s'applique à toutes les séries trigonométriques qui correspondent aux séries entières que l'on sait sommer, par exemple à celles qu'on déduit par des dérivations, des intégrations ou des changements de variables, des progressions géométriques, des séries exponentielles, des séries hypergéométriques.

Lagrange, qui, avec Euler, l'a employé l'un des premiers, présente cette méthode autrement ([1]).

Pour sommer la série (C), Lagrange y eût remplacé $\cos nx$ par $\frac{e^{inx}+e^{-inx}}{2}$, il aurait été ainsi conduit à calculer la demi-somme des valeurs de (Z), pour $z = e^{\pm ix}$.

Que l'on donne à la méthode l'une ou l'autre forme, elle n'est rigoureuse que si l'on a étudié, pour $|z| = 1$, la série qui joue le rôle de (Z). On n'étudie guère dans les Cours la série (Z) que pour $|z| < 1$; aussi notre méthode de sommation appliquée à (C) et (S) n'est pas entièrement légitimée. Dans ce cas particulier elle conduit à un résultat exact; mais, dans d'autres cas, elle peut conduire à des résultats incorrects; c'est ainsi que Lagrange écrivait l'égalité

$$0 = \frac{1}{2} + \cos x + \cos 2x + \ldots,$$

alors que la série du second membre est divergente, comme on le voit en calculant la somme de ses n premiers termes ([2]).

22. *Procédé de Fourier.* — Quand on a sommé une série trigonométrique, on en déduit par des intégrations et des dérivations de nouvelles séries qu'on sait sommer. Je n'insiste pas sur ce procédé; il manque de rigueur parce qu'une série trigonométrique n'est pas, en général, dérivable terme à terme (nº 54).

Pour le cas de (C) Fourier a employé un procédé intéressant, qu'on peut utiliser dans d'autres cas.

Soit S_m la somme des m premiers termes (m impair), on a

$$\frac{dS_m}{dx} = -\sin x + \sin 3x - \sin 5x + \ldots + \sin(2m-1)x = \frac{\sin 2mx}{2\cos x},$$

([1]) *Voir* son premier Mémoire : *Sur la nature et la propagation du son* (*Œuvres*, t. I, p. 109).

([2]) Il faut remarquer que, si la méthode peut conduire à attribuer une somme à une série divergente, elle ne peut jamais conduire à attribuer une somme inexacte à une série convergente; cela résulte d'un théorème d'Abel qui est rappelé un peu plus loin (nº 25): *voir* aussi (nº 31).

d'où

$$S_m = \frac{1}{2}\int_{\frac{\pi}{2}}^{x} \frac{\sin 2mx}{\cos x}\,dx.$$

Intégrons plusieurs fois de suite par parties en considérant $\sin 2mx\,dx$ ou $\cos 2mx\,dx$ comme une dérivée; nous rencontrerons des difficultés provenant de ce que $\cos x$ s'annule, nous ne nous en préoccuperons pas et nous trouverons que $2S_m$ égale une constante plus la somme des premiers termes de la série

$$-\frac{1}{2m}\cos 2mx \operatorname{séc} x + \frac{1}{2^2m^2}\sin 2mx \operatorname{séc}' x + \frac{1}{2^3m^3}\cos 2mx \operatorname{sec}'' x + \ldots,$$

où les accents indiquent des dérivées, plus une intégrale complémentaire. Fourier admet que cette intégrale complémentaire tend vers zéro, quand on prend de plus en plus de termes; il admet donc que la série précédente représente S_m. Or, quand on y fait $m = \infty$, elle se réduit à une constante, la somme de (C) est donc indépendante de x.

Les valeurs exceptionnelles $x \equiv \pm\frac{\pi}{2}$ sont évidentes; il suffit alors de voir à quoi se réduit la série pour $x = 0$ ou π pour en conclure que (C) égale $+\frac{\pi}{4}$ dans $\left(-\frac{\pi}{2}, \frac{\pi}{2}\right)$ et $-\frac{\pi}{4}$ dans $\left(\frac{\pi}{2}, 3\frac{\pi}{2}\right)$.

La méthode de Fourier est sujette à bien des objections, et il ne serait peut-être pas très difficile d'imaginer des exemples où elle conduirait à écrire une égalité inexacte, mais il ne faut pas oublier que, comme la méthode précédente, elle a permis, avant les recherches générales sur les séries de Fourier, de sommer les séries trigonométriques les plus simples, celles qui sont aujourd'hui encore les plus importantes pratiquement. La série (C) a été sommée pour la première fois par Fourier.

On trouvera d'autres sommations intéressantes dans le Mémoire d'Abel *Sur la série du binome* (*Journal de Crelle*, t. I).

II. — Étude élémentaire de la convergence.

23. *Principe de la méthode.* — Pour que les séries de Fourier

puissent servir à la représentation des fonctions continues, il faut que, une série trigonométrique étant donnée, il y ait tout au plus *une* fonction continue admettant cette série pour série de Fourier.

Il est bien clair, en effet, que, si deux fonctions continues différentes avaient la même série de Fourier, elles ne pourraient être toutes deux égales à la somme de cette série, et cela quel que soit le procédé employé pour attacher une somme unique à la série, que ce soit le procédé ordinaire ou tout autre procédé de sommation. Nous nous assurerons tout d'abord qu'une fonction continue est déterminée par sa série de Fourier.

Ceci fait, il nous suffira de rechercher à quoi l'on peut reconnaître qu'une série trigonométrique, donnée par la suite de ses coefficients, est uniformément convergente, et dans quels cas les conditions ainsi obtenues sont remplies par la série de Fourier de f. Lorsqu'on se trouve dans l'un de ces cas, la fonction continue f est représentable par sa série de Fourier; nous savons, en effet, qu'une série trigonométrique uniformément convergente est la série de Fourier de la fonction continue qu'elle a pour somme, cette somme ne pourra être différente de f.

24. *Détermination d'une fonction par sa série de Fourier.* — S'il existait deux fonctions continues différentes ayant la même série de Fourier, leur différence serait une fonction continue non partout nulle et dont la série de Fourier serait identiquement nulle; il faut démontrer que ces conditions sont incompatibles. En d'autres termes : il faut prouver qu'il y a contradiction à admettre à la fois que $f(x)$ est une fonction continue non partout nulle, et que l'intégrale $\int_0^{2\pi} f(x)\,\varphi(x)\,dx$ est nulle quand $\varphi(x)$ égale $\cos px$ ou $\sin px$, quel que soit l'entier p, positif ou nul.

De la première hypothèse il résulte que, dans $(0, 2\pi)$, on peut trouver un intervalle (a, b) dans lequel $|f|$ surpasse un nombre m non nul. Nous supposerons que f est positive dans (a, b), ce qu'on réaliserait au besoin en changeant f en $-f$. De la seconde hypothèse il résulte que l'intégrale considérée serait aussi nulle si l'on y remplaçait $\varphi(x)$ par une suite finie de Fourier [1] ou encore, ce

[1] C'est-à-dire une série trigonométrique limitée.

qui revient au même, par un polynome quelconque en $\cos x$. Prenons

$$\varphi = \psi^n, \qquad \psi = 1 + \cos\left(x - \frac{a+b}{2}\right) - \cos\frac{a-b}{2};$$

ψ est supérieure à 1 dans (a, b); dans $(0, a)$ et $(b, 2\pi)$, $|\psi|$ est inférieure à 1. Quand on fait augmenter indéfiniment l'entier n, φ croît indéfiniment dans tout intervalle (α, β) complètement intérieur à (a, b), et, comme dans (a, b) f surpasse m, la contribution de l'intervalle (a, b) dans l'intégrale $\int_0^{2\pi} f\varphi\, dx$ augmente indéfiniment. Au contraire, la contribution de $(0, a)$ et $(b, 2\pi)$ dans la même intégrale est toujours, en valeur absolue, inférieure à $(2\pi - b + a)M$, si le module de f ne surpasse jamais M; il est donc impossible que $\int_0^{2\pi} f\varphi\, dx$ soit nulle quel que soit n. *Deux fonctions continues différentes ont des séries de Fourier différentes.*

En poursuivant le raisonnement, on verrait que deux fonctions ne peuvent avoir la même série de Fourier que si elles diffèrent seulement aux points d'un ensemble de mesure nulle; il est d'ailleurs évident que, dans ce cas, les deux fonctions ont effectivement la même série de Fourier. Cette généralisation sera obtenue incidemment plus tard, mais on peut observer que ce qui précède suffit pour démontrer que deux fonctions, n'ayant qu'un nombre fini de points de discontinuité et qui ont la même série de Fourier, ne diffèrent qu'en certains de leurs points de discontinuité.

25. *Transformation d'Abel. Théorème de la moyenne.* — Le terme général d'une série trigonométrique de sinus ou de cosinus se présente sous la forme d'un produit de deux facteurs. Il en est de même, pour le terme général d'une série entière et de bien d'autres séries; aussi est-il utile d'avoir des renseignements généraux sur les séries de la forme

$$u_0 v_0 + u_1 v_1 + u_2 v_2 + \ldots.$$

On peut, évidemment, affirmer la convergence absolue d'une telle série quand, la série Σu_i étant absolument convergente,

$|v_i|$ est bornée, c'est-à-dire quand $|v_i|$ est, quel que soit i, inférieure à un nombre fixe N.

S'il s'agit d'une série à termes variables, on pourra affirmer la convergence absolue et uniforme quand $|v_i|$ sera uniformément bornée, ce qui veut dire que N doit être indépendant de i et des variables, si, de plus, la série $\Sigma|u_i|$ est uniformément convergente; ou bien quand v_i tend uniformément vers zéro pour i croissant indéfiniment, et que, de plus, $\Sigma|u_i|$ est convergente, sa somme étant uniformément bornée (je dirais simplement $\Sigma|u_i|$ est uniformément bornée).

A ces cas de convergence évidents on peut en ajouter d'autres obtenus par l'emploi d'une transformation qui semble avoir été utilisée tout d'abord par Euler, et dont l'importance a été bien mise en évidence par Abel, d'où le nom de *transformation d'Abel* qu'on lui donne généralement. Posons

$$\sigma_p = v_0 + v_1 + \ldots + v_p, \qquad u_i = u_{i+1} + \Delta u_i;$$

on a l'identité évidente

$$u_0 v_0 + u_1 v_1 + \ldots + u_n v_n = \Delta u_0 \sigma_0 + \Delta u_1 \sigma_1 + \ldots + \Delta u_{n-1} \sigma_{n-1} + u_n \sigma_n,$$

qui transforme une somme de $n+1$ produits en une somme analogue. Si l'on faisait jouer aux σ le rôle des v, aux Δu le rôle des u; et, si l'on rangeait en ordre inverse les termes du second membre, la transformation d'Abel, qui vient d'être indiquée, permettrait de repasser du second membre au premier.

Si $u_i \sigma_i$ tend vers zéro avec $\frac{1}{i}$, la série proposée $\Sigma u_i v_i$ sera convergente en même temps que la série $\Sigma \Delta u_i \sigma_i$, que lui fait correspondre la transformation d'Abel; si $u_i \sigma_i$ tend uniformément vers zéro, de la convergence uniforme de l'une on pourra conclure à la convergence de l'autre. En appliquant à $\Sigma \Delta u_i \sigma_i$ les conditions de convergence déjà trouvées on a pour $\Sigma u_i v_i$ de nouveaux cas de convergence que j'énonce :

La série $\Sigma u_i v_i$ est convergente si $\sigma_i u_i$ tend vers zéro, si $|v_i|$ est bornée et si, de plus, $\Sigma \Delta u_i$ est absolument convergente.

La série $\Sigma u_i v_i$ est uniformément convergente si σ_i tend uniformément vers zéro, si $\Sigma|\Delta u_i|$ est uniformément bornée ainsi que $|u_i|$; ou encore si $|\sigma_i|$ est uniformément bornée, si $\Sigma|\Delta u_i|$ est uniformément convergente et si, de plus, $\sigma_i u_i$ tend uniformément vers zéro.

La transformation d'Abel peut être appliquée de bien des manières; d'abord on peut faire jouer aux u le rôle des v et inversement et puis on peut remplacer u_i par $\alpha_i u_i$ et v_i par $\frac{v_i}{\alpha_i}$, α_i étant une fonction de i convenablement choisie; dans la pratique il y a souvent avantage à prendre $\alpha_i = (-1)^i$. D'autres fois il est légitime et avantageux d'appliquer la transformation d'Abel plusieurs fois de suite, ce qui conduit à des conditions de convergence où interviennent les différences d'ordre supérieur des nombres u_i.

Voici l'application la plus connue de la transformation d'Abel. Supposons que, dans certaines circonstances qu'il est inutile de préciser, les u_i bornés tendent tous vers 1 et supposons que les v_i soient constants et forment une série convergente de somme σ; demandons-nous dans quelles conditions $\Sigma u_i v_i$ est uniformément convergente, auquel cas $\Sigma u_i v_i$ tend vers $\sigma = \Sigma v_i$.

D'abord, quand $\Sigma |u_i|$ est uniformément bornée; ensuite, comme dans le cas où u_i tend vers zéro avec $\frac{1}{i}$ et où $\Sigma |\Delta u_i|$ est uniformément bornée, on peut écrire

$$\Sigma u_i v_i = \Sigma \sigma_i \Delta u_i = \sigma v_0 - \Sigma (\sigma - \sigma_i) \Delta u_i;$$

quand ces conditions sont réalisées, la convergence est uniforme.

En faisant $v_i = a_i x_0^i$ et $u_i = \left(\frac{x}{x_0}\right)^i$ on a la démonstration classique du théorème d'Abel sur les séries entières qu'on va bientôt utiliser (n° 31). Le théorème général sera utilisé au n° 58.

Voici une autre conséquence de la transformation d'Abel. Supposons les nombres $u_0, u_1, \ldots, u_n$ positifs et décroissants, notre identité fondamentale montre que la somme

$$\Sigma_n = u_0 v_0 + u_1 v_1 + \ldots + u_n v_n$$

est comprise entre les deux produits obtenus en multipliant le plus grand et le plus petit des nombres $\sigma_0, \sigma_1, \ldots, \sigma_n$ par

$$\Delta u_0 + \Delta u_1 + \ldots + \Delta u_{n-1} + u_n = u_0.$$

Considérons alors une intégrale de la forme $\int_a^b uv\, dx$, dans laquelle u est une fonction positive décroissante [1]; divisons (a, b) en $n+1$ segments égaux, de longueur h. Soient $u_0 v_0$, $u_1 v_1$, $u_2 v_2$, ... les valeurs de la fonction à intégrer pour les origines des segments; $h\Sigma_n$ sera une valeur approchée de l'intégrale à calculer. Cette valeur approchée est comprise entre le plus petit et le plus grand des nombres $u_0 h\sigma_i$; comme $h\sigma_i$ est une valeur approchée de $\int_a^{a+ih} v\,dx$ et que $\int_a^{\xi} v\,dx$ est fonction continue de ξ, nous concluons que l'on a

$$\int_a^b uv\,dx = u(a)\int_a^{\xi} v\,dx,$$

ξ étant compris entre a et b.

Cette égalité est connue sous le nom de *second théorème de la moyenne;* elle est due à Ossian Bonnet qui l'a donnée dans son Mémoire *Sur les séries trigonométriques* (*Mémoires des savants étrangers* publiés par l'Académie de Belgique, t. XXIII). Weierstrass a indiqué un autre énoncé qui, grâce surtout aux recherches de P. du Bois-Reymond, de MM. Dini et Jordan, est maintenant l'un des plus généraux que l'on connaisse concernant les fonctions intégrables au sens de Riemann. Ce théorème a servi de base à plusieurs des recherches sur les séries de Fourier; comme je ne m'en servirai pas dans la suite je ne m'y arrêterai pas davantage et, pour ce qui le concerne, je renverrai le lecteur au second Volume du *Cours d'Analyse* de M. Jordan.

Du second théorème de la moyenne nous n'utiliserons que cette conséquence : on a

$$\left|\int_a^b uv\,dx\right| \leqq U\varphi,$$

U étant le maximum de $|u|$ dans (a, b) et φ le maximum de $\left|\int_\alpha^\beta v\,dx\right|$ quand α et β varient entre a et b. Sous cette forme

---

[1] Je ne m'occupe ici que d'une intégrale au sens de Riemann.

notre théorème suppose seulement u monotone (n° 3) et de signe constant.

26. *Condition de convergence d'une série trigonométrique.* — Une série trigonométrique peut toujours être considérée comme la somme de deux séries dont l'une ne contient que des cosinus et l'autre que des sinus : étudions séparément ces deux séries.

Soit donc la série

$$a_0 + a_1 \cos x + a_2 \cos 2x + \ldots;$$

elle est évidemment uniformément convergente quand la série Σa_i *est absolument convergente.* Ce cas de convergence se déduit des résultats précédemment obtenus en posant $a_i = u_i$, $v_0 = \frac{1}{2}$, $v_i = \cos ix$ [1]; faisons maintenant la transformation d'Abel en conservant ces notations, alors (*voir* n° 17, en note)

$$\sigma_i = \frac{1}{2} + \cos x + \ldots + \cos ix = \frac{\sin(2i+1)\frac{x}{2}}{2\sin\frac{x}{2}}.$$

$|\sigma_i|$ est uniformément bornée dans tout intervalle ne contenant aucune valeur congrue à zéro. Donc, dans un tel intervalle, *la série considérée est uniformément convergente si* $\Sigma|a_i - a_{i+1}|$ *est une série convergente et si* a_i *tend vers zéro avec* $\frac{1}{i}$.

Cela a lieu en particulier quand les a_i sont tous de même signe et vont constamment en décroissant jusqu'à zéro.

Prenons maintenant $v_0 = \frac{1}{2}$, $v_i = (-1)^i \cos ix$, nous aurons

$$\sigma_i = \frac{1}{2} - \cos x + \cos 2x + \ldots + (-1)^i \cos ix = (-1)^i \frac{\cos(2i+1)\frac{x}{2}}{2\cos\frac{x}{2}},$$

donc, dans tout intervalle ne contenant aucune valeur congrue

---

[1] Bien entendu ici, comme dans le numéro précédent, i est un entier; on n'a pas $i^2 + 1 = 0$.

à π, *la série est uniformément convergente si* $\Sigma|a_i + a_{i+1}|$ *est convergente et si* a_i *tend vers zéro avec* $\frac{1}{i}$.

Cela a lieu, en particulier, quand les a_i sont à signes alternés et que $|a_i|$ décroît constamment jusqu'à zéro.

Les valeurs exceptionnelles $x = 0$, $x = \pi$ doivent être examinées à part. Remarquons encore que les deux procédés qui viennent d'être employés pour appliquer la transformation d'Abel ne sont pas essentiellement différents ; on passe de l'un à l'autre en changeant x en $\pi + x$.

Si l'on opère d'une manière analogue pour la série

$$b_1 \sin x + b_2 \sin 2x + \ldots,$$

on trouve que cette série est uniformément convergente, dans tout intervalle ne contenant aucune valeur congrue à zéro, si b_i tend vers zéro avec $\frac{1}{i}$ et si $\Sigma|b_i - b_{i+1}|$ est convergente ; elle est uniformément convergente dans tout intervalle ne contenant aucune valeur congrue à π, si b_i tend vers zéro avec $\frac{1}{i}$ et si $\Sigma|b_i + b_{i+1}|$ est convergente. Ici l'on est toujours assuré de la convergence pour les valeurs exceptionnelles 0, π, mais il se peut que la convergence ne soit pas uniforme autour de ces valeurs ; nous en verrons un exemple d'ici peu (n° 28, en note).

Pour que la transformation d'Abel conduise à une série de forme simple, il est bon, quand on l'applique à une série de sinus, de prendre un terme v_0 différent comme forme des autres termes v_i, ainsi que nous l'avions déjà fait pour les séries de cosinus. On pourra prendre, par exemple, $v_0 = -\frac{1}{2}\cot\frac{x}{2}$, $v_i = \sin ix$ ou $v_0 = \frac{1}{2}\tang x$, $v_i = (-1)^i \sin ix$, ce qui donnera pour σ_i les deux valeurs

$$\sigma_i = -\frac{\cos(2i+1)\frac{x}{2}}{2\sin\frac{x}{2}}, \qquad \sigma_i = (-1)^i \frac{\sin(2i+1)\frac{x}{2}}{2\cos\frac{x}{2}}.$$

En prenant ces précautions, la transformation d'Abel appliquée à une série de sinus ou de cosinus conduit à une nouvelle série de sinus ou de cosinus pourvu qu'on en multiplie chaque terme par

$2 \sin \frac{x}{2}$ ou $2 \cos \frac{x}{2}$. Cela permet d'obtenir de nouveaux cas de convergence.

Partons, par exemple, de la série $\Sigma a_i \cos ix$; pourvu que a_i tende vers zéro, nous la transformons en $\Sigma(a_i - a_{i+1}) \sin(2i+1)\frac{x}{2}$ ou en $\Sigma(-1)^i(a_i + a_{i+1})\cos(2i+1)\frac{x}{2}$. Sans nouvelle hypothèse, nous avons le droit d'appliquer encore la transformation d'Abel, et l'on voit que la série proposée est uniformément convergente dans tout intervalle ne contenant aucune valeur congrue à 0, $\frac{\pi}{2}$, π, $\frac{3\pi}{2}$, si l'une des séries

$$\Sigma(a_i - 2a_{i+1} + a_{i+2}),\quad \Sigma(a_i + 2a_{i+1} + a_{i+2}),\quad \Sigma(a_i - a_{i+2})$$

est absolument convergente. Laissons de côté le caractère de convergence relatif à $(a_i - a_{i+2})$, les autres caractères trouvés font intervenir, comme on devait s'y attendre, les différences secondes de l'une des deux suites $a_0, a_1, a_2, \ldots; a_0, -a_1, a_2, -a_3, \ldots$. Le caractère général de convergence que l'on obtient est donc le suivant : *la série $\Sigma a_i \cos ix$ est uniformément convergente dans tout intervalle ne contenant aucune valeur congrue à $\frac{2p\pi}{2^n}$ (p entier) si a_i tend vers zéro et si l'une ou l'autre des deux séries $\Sigma\Delta^n a_i$, $\Sigma\Delta^n[(-1)^i a_i]$ est uniformément convergente.* Un théorème analogue est vrai pour les séries de sinus.

Le caractère de convergence fourni par la série $\Sigma(a_i - a_{i+2})$, auquel les procédés indiqués conduisent de deux manières différentes, n'est pas essentiellement nouveau; c'est celui que l'on obtient en appliquant le théorème sur les différences premières à la série $\Sigma a_i \cos ix$ après l'avoir décomposée en deux séries

$$\Sigma a_{2i} \cos 2ix,\quad \Sigma a_{2i+1} \cos(2i+1)x.$$

Or il est évident que cette décomposition et les décompositions analogues conduisent toujours à des séries auxquelles on peut appliquer ce théorème, parce que notre raisonnement supposait uniquement σ_i bornée et que cette condition est remplie si l'on prend v_i égale à $\cos(ip+h)x$ ou à $\sin(ip+h)x$, que p soit égal à 1 et h à 0, comme dans le cas examiné précédemment, ou que cela ne soit pas.

Les résultats relatifs aux différences premières s'appliquent encore si l'on change dans leurs énoncés a_n en $a_n\alpha_n$ lorsque la série $\sum \frac{\cos nx}{\alpha_n}$ est uniformément convergente, parce que, en prenant $v_i = \frac{\cos ix}{\alpha_i}$, σ_i est évidemment bornée. Par exemple, des résultats indiqués il résulte que la série $\sum \frac{\cos nx}{n}$ est uniformément convergente, sauf autour des valeurs congrues à 0, donc une série de cosinus est uniformément convergente, sauf autour de ces valeurs, si na_n tend vers zéro et si $\Sigma[na_n - (n+1)a_{n+1}]$ est une série absolument convergente. Une telle remarque peut être utile parce qu'elle conduit à une vérification simple de la convergence uniforme de certaines séries, mais les caractères de convergence que l'on obtient ainsi sont en général plus particuliers encore que ceux que j'ai indiqués.

27. *Ordre de grandeur des coefficients d'une série de Fourier.* — Soit f une fonction à variation bornée (n° 4), elle est la différence de deux fonctions bornées monotones de signe constant φ_1 et φ_2. Comme l'on a

$$\left| \int_\alpha^\beta \cos nx\, dx \right| = \left| \frac{\sin n\beta - \sin n\alpha}{n} \right| \leqq \frac{2}{n},$$

l'inégalité qu'on a déduit du théorème de la moyenne (n° 25) donne, en appelant M_1 la limite supérieure de $|\varphi_1|$,

$$\left| \int_0^{2\pi} \varphi_1 \cos nx\, dx \right| \leqq \frac{2}{n} M_1.$$

La même inégalité a lieu quand on remplace $\cos nx$ par $\sin nx$; des inégalités analogues sont vraies pour φ_2, donc aussi pour $f = \varphi_1 - \varphi_2$; de là il résulte que, dans les conditions indiquées, les coefficients du $n^{\text{ième}}$ terme sont inférieurs en valeur absolue à $\frac{A}{n}$, A ayant été convenablement choisi.

28. *Cas de convergence des séries de Fourier.* — Considérons une fonction f continue de o à 2π et ayant une dérivée à variation bornée. Alors l'intégration par parties donne

$$a_n = \frac{1}{\pi}\int_0^{2\pi} f \cos n x \, dx = -\frac{1}{n\pi}\int_0^{2\pi} f' \sin n x \, dx,$$

$$b_n = \frac{1}{\pi}\int_0^{2\pi} f \sin n x \, dx = \frac{f(+0) - f(2\pi - 0)}{n\pi} + \frac{1}{n\pi}\int_0^{2\pi} f' \cos n x \, dx.$$

De la série de Fourier de f soustrayons la série $S(x)$

$$S(x) = \frac{f(+0) - f(-0)}{\pi} \sum \frac{\sin n x}{n}.$$

La série restante $R(x)$ est uniformément convergente partout, puisque ses coefficients sont de l'ordre de $\frac{A}{n^2}$. La série soustraite est, d'après le n° **26**, uniformément convergente, sauf autour des valeurs congrues à zéro. Donc la série de Fourier de f est uniformément convergente dans tout intervalle intérieur à $(0, 2\pi)$; elle représente donc f partout, sauf peut-être pour $x \equiv 0$. En ce point, la série S est convergente et de somme zéro, la série R partout convergente a une certaine somme K; d'ailleurs, puisque, pour x non congru à zéro, on a

$$f(x) = S(x) + R(x),$$

et, puisque R est continue au point zéro, on en déduit

$$f(+0) = S(+0) + K, \qquad f(-0) = S(-0) + K.$$

Remarquons encore que $S(+0) + S(-0) = 0$, puisque $S(x)$ est une fonction impaire, et nous obtiendrons

$$S(+0) = \frac{f(+0) - f(-0)}{2}, \qquad K = \frac{f(+0) + f(-0)}{2}.$$

Donc, au point zéro, la série de Fourier de f converge vers la demi-somme des valeurs $f(+0)$, $f(-0)$ [1].

On ramènerait par un changement de variable, au cas qui vient

---

[1] La série $\sum \frac{\sin n x}{n}$ est un exemple de série non uniformément convergente.

d'être étudié, celui d'une fonction satisfaisant d'ailleurs à toutes les conditions indiquées et qui n'aurait, comme valeurs de discontinuités, que les valeurs congrues à x_0. Supposons maintenant que f, satisfaisant par ailleurs aux conditions indiquées, ait pour valeurs de discontinuité les valeurs congrues à $x_1, x_2, \ldots, x_p$ en nombre fini.

Posons, sauf peut-être aux points de discontinuité,

$$f = \varphi - f_1[f(x_1+0) - f(x_1-0)] - \ldots - f_p[f(x_p+0) - f(x_p-0)],$$

φ étant continue et f_i désignant une fonction de période 2π égale, de x_i à $x_i + 2\pi$, à $\frac{1}{2\pi}(x - x_i)$ et à $\frac{1}{2}$ pour $x = x_i$. Il est évident que φ et f_i sont représentables par leur série de Fourier, donc :

Si l'intervalle $(0, 2\pi)$ *peut être partagé en un nombre fini d'intervalles partiels dans chacun desquels la fonction f admet une dérivée à variation bornée, la série de Fourier de f est partout convergente. Elle converge uniformément vers f dans tout intervalle ne contenant aucun point de discontinuité de f; en un point de discontinuité la série tend vers la moyenne arithmétique des valeurs vers lesquelles f tend quand la variable s'approche du point de discontinuité.*

La méthode qui nous a fourni ces résultats ne diffère que par de petits détails de celle que vient d'employer M. Kneser pour l'étude des séries trigonométriques et d'autres développements spéciaux fournis par la Physique mathématique (¹).

Il n'est pas difficile d'étendre quelque peu le résultat obtenu, mais il semble que, pour appliquer la méthode qui nous a servi à l'étude de cas plus généraux de convergence, il faudrait reprendre tout d'abord l'étude de la convergence, d'une série trigonométrique donnée par la suite de ses coefficients. L'étude directe des séries trigonométriques, qui a été très négligée jusqu'ici, semble d'ailleurs

---

(¹) Voir *Untersuchungen über die Darstellung willkürlichen Funktionen in der mathematischen Physik* (*Math. Ann.*, Bd. LVIII, 1904). Je venais d'exposer au Collège de France les considérations du texte quand j'ai eu connaissance du Mémoire de M. Kneser paru depuis quelque temps déjà. La méthode qu'emploie M. Kneser, pour démontrer qu'une série de Fourier détermine la fonction à laquelle elle correspond, est différente de celle qui a été utilisée ici.

devoir être très utile dans bien d'autres parties de la théorie des séries de Fourier. Il y aurait lieu aussi d'étudier davantage la suite des coefficients d'une série de Fourier, relativement à laquelle je démontrerai plus loin un théorème fondamental dû à Riemann (n° 34).

III. — Applications.

29. *Représentation approchée des fonctions continues.* — Le résultat qui précède permet de démontrer simplement un théorème de Weierstrass ([1]), comme l'ont remarqué MM. Lerch et Volterra.

Soit $f(t)$ une fonction continue dans un intervalle fini (α, β). Posons $x = kt$, k étant assez petit pour que x ne sorte pas de $(-\pi, +\pi)$ quand t est dans (α, β). Posons $\varphi(x) = f\left(\frac{x}{k}\right)$ dans $(k\alpha, k\beta)$ et définissons φ en dehors de cet intervalle par la condition d'être continue partout et de période 2π. Traçons la courbe représentant φ et, sur cette courbe, marquons les points correspondant aux valeurs $0, x_1, x_2, \ldots, x_n = 2\pi$ de x, prises assez rapprochées pour que, dans (x_i, x_{i+1}), l'oscillation de φ soit inférieure à ε. Les points marqués sont les sommets d'un polygone représentant une fonction continue $\psi(x)$ de période 2π. Cette fonction est une de celles pour lesquelles la convergence uniforme de la série de Fourier vient d'être démontrée. En prenant donc assez de termes dans la série de Fourier de ψ, on peut représenter ψ à moins de ε. Quant au nombre de termes qu'il faut prendre, la méthode qui a servi à étudier la série de Fourier de ψ pourrait nous l'indiquer. Laissons cela de côté; ψ est représentée à moins de ε par une suite finie de Fourier qui représente par suite φ à moins de 2ε. Cette suite de Fourier peut être développée en série de Taylor uniformément convergente; donc, en conservant assez de termes dans cette série, on a un polynome représentant la suite à moins de ε et par suite φ à moins de 3ε. Remplaçons maintenant x par kt nous voyons qu'*une fonction continue peut être repré-*

([1]) Au sujet de ce théorème *voir* le Chap. IV des *Leçons sur les fonctions de variables réelles et les développements en séries de polynomes* de M. E. Borel.

sentée, à moins de ε près, par un polynome ou par une suite finie de Fourier.

30. *Principe de Dirichlet.* — Je vais faire une application de ce résultat à la démonstration de théorèmes intimement liés à la théorie des séries trigonométriques. Je vais d'abord m'occuper d'un problème célèbre connu sous le nom de *problème de Dirichlet* et dont voici l'énoncé : démontrer l'existence d'une solution de l'équation

$$\Delta U = \frac{\partial^2 U}{\partial x^2} + \frac{\partial^2 U}{\partial y^2} = 0,$$

qui soit continue à l'intérieur d'un contour fermé C et qui se réduise sur ce contour à une fonction donnée f. Le *principe de Dirichlet* est l'affirmation de la possibilité du problème de Dirichlet. Le seul cas qui va être examiné est celui où C est une circonférence ([1]).

Faisons quelques remarques préliminaires. Si l'on pose $z = x + iy$, tout polynome en z, décomposé en sa partie réelle et sa partie imaginaire, fournit deux polynomes en x et y qui satisfont à l'équation de Laplace $\Delta U = 0$, ce que l'on exprime en disant que ce sont des polynomes harmoniques. Si nous posons maintenant $x = r\cos\varphi$, $y = r\sin\varphi$, c'est-à-dire si nous passons aux coordonnées polaires, ces polynomes harmoniques se présentent sous la forme d'une suite finie de Fourier en φ, chaque terme en $\cos p\varphi$ ou $\sin p\varphi$ étant multiplié par r^p. Réciproquement toute expression de la forme indiquée :

$$P = \frac{1}{2}a_0 + r(a_1\cos\varphi + b_1\sin\varphi) + \ldots + r^n(a_n\cos n\varphi + b_n\sin n\varphi)$$

est un polynome harmonique parce que c'est évidemment la partie réelle d'un polynome en $z = re^{i\varphi}$.

Remarquons encore que P n'a ni maximum, ni minimum. En effet, on a évidemment (nº 16)

$$\frac{1}{2}a_0 = \frac{1}{2\pi}\int_0^{2\pi} P(r, \varphi)\,d\varphi,$$

([1]) Pour la méthode classique, *voir*, par exemple, le Tome II du *Traité d'Analyse* de M. Picard.

à condition de donner à r une valeur constante positive quelconque dans l'intégrale. Cela prouve que, ou bien $P(r, \varphi)$ est toujours égale à $\frac{1}{2}a_0$, ou bien $P(r, \varphi)$ prend des valeurs plus grandes que $\frac{1}{2}a_0$ et des valeurs plus petites que $\frac{1}{2}a_0$ et l'origine n'est ni un maximum ni un minimum. Mais l'origine n'a rien qui la distingue d'un autre point : si l'on pose $z = z_0 + Z$, l'origine devient le point quelconque $-z_0$ et le point quelconque $z = z_0$ devient la nouvelle origine $Z = 0$; il est donc démontré qu'un polynome harmonique n'a ni maximum, ni minimum.

Ceci posé, soit $f(\varphi)$ une fonction continue de période 2π, nous allons démontrer l'existence d'une fonction harmonique, c'est-à-dire satisfaisant à l'équation de Laplace, à l'intérieur de la circonférence $z = e^{i\varphi}$ et se réduisant à $f(\varphi)$ sur cette circonférence. Du même coup l'existence de la solution sera démontrée pour une circonférence quelconque.

Prenons des nombres positifs $\varepsilon_1, \varepsilon_2, \ldots$, formant une série $\Sigma\varepsilon_i = \varepsilon$ convergente et soit (¹)

$$S_i(\varphi) = \frac{1}{2}a_0^i + (a_1^i \cos\varphi + b_1^i \sin\varphi) + \ldots + (a_{n_i}^i \cos n_i\varphi + b_{n_i}^i \sin n_i\varphi)$$

une suite de Fourier représentant partout $f(\varphi)$ à moins de ε_i près, ce qui est possible parce que f a la période 2π. Posons

$$S_i(r, \varphi) = \frac{1}{2}a_0^i + \sum_{p=1}^{p=n_i} (a_p^i \cos p\varphi + b_p^i \sin p\varphi)\, r^p.$$

La série

$$f(r, \varphi) = S_1(r, \varphi) + [S_2(r, \varphi) - S_1(r, \varphi)] + [S_3(r, \varphi) - S_2(r, \varphi)] + \ldots$$

est uniformément convergente, car, d'après notre remarque, $|S_i - S_{i+1}|$ atteint son maximum sur C et, par suite, ne surpasse jamais $\varepsilon_i + \varepsilon_{i+1}$; donc $f(r, \varphi)$ est continue à l'intérieur de C et sur C. Elle se réduit évidemment à $f(\varphi)$ sur C, il reste à faire voir que c'est une fonction harmonique.

(¹) Dans ce numéro et le suivant les symboles a_p^i, b_p^i représentent des quantités affectées de deux indices et non pas des puissances $i^{\text{ièmes}}$; au contraire r^p représente la puissance $p^{\text{ième}}$ de r.

Considérons les termes en $\cos px$ dans $f(r, \varphi)$; leurs coefficients forment la série

$$r^p[a_p^1 + (a_p^2 - a_p^1) + (a_p^3 - a_p^2) + \ldots];$$

cette série est absolument convergente et de somme au plus égale à $4\varepsilon r^p$ parce que $a_p^i - a_p^{i+1}$, étant un coefficient de la série de Fourier de $S_i - S_{i+1}$, est au plus égal, en valeur absolue, à $2(\varepsilon_i + \varepsilon_{i+1})$. Par conséquent, si dans $f(r, \varphi)$ nous remplaçons chaque terme $S_i - S_{i+1}$ par la suite finie de Fourier qu'il représente, nous obtenons une série dont la somme des coefficients des sinus et cosinus est au plus

$$4\varepsilon(1 + r + r^2 + \ldots);$$

par suite, cette série est absolument convergente pour $r < 1$, et nous pouvons grouper ensemble les termes contenant un même sinus ou un même cosinus. On obtient ainsi

$$f(r, \varphi) = \frac{a_0}{2} + r(a_1 \cos\varphi + b_1 \sin\varphi) + r^2(a_2 \cos 2\varphi + b_2 \sin 2\varphi) + \ldots;$$

cette expression, qui n'est peut-être pas valable pour $r = 1$, montre que $f(r, \varphi)$ est la partie réelle d'une série entière en $z = re^{i\varphi}$, donc $f(r, \varphi)$ satisfait à l'équation de Laplace *à l'intérieur* de C.

L'existence de la solution est démontrée. On peut remarquer que cette solution, étant limite de polynomes harmoniques, n'a ni maximum, ni minimum.

31. *Intégrale de Poisson.* — On a évidemment

$$a_p = \lim_{n=\infty} a_p^n, \qquad b_p = \lim_{n=\infty} b_p^n;$$

mais

$$a_p^n = \frac{1}{\pi}\int_0^{2\pi} S_n \cos p\psi \, d\psi, \qquad b_p^n = \frac{1}{\pi}\int_0^{2\pi} S_n \sin p\psi \, d\psi,$$

et, comme S_n tend uniformément vers $f(\psi)$, on a

$$a_p = \frac{1}{\pi}\int_0^{2\pi} f(\psi) \cos p\psi \, d\psi, \qquad b_p = \frac{1}{\pi}\int_0^{2\pi} f(\psi) \sin p\psi \, d\psi.$$

Portons ces valeurs dans l'expression de $f(r, \varphi)$, on trouve

$$\pi f(r, \varphi) = \frac{1}{2}\int_0^{2\pi} f(\psi)\,d\psi + r\int_0^{2\pi} f(\psi)\cos(\psi - \varphi)\,d\psi$$
$$+ r^2\int_0^{2\pi} f(\psi)\cos 2(\psi - \varphi)\,d\psi + \ldots,$$

r étant plus petit que 1, on peut écrire

$$\pi f(r, \varphi) = \int_0^{2\pi} f(\psi)\left[\frac{1}{2} + r\cos(\psi - \varphi) + r^2\cos 2(\psi - \varphi) + \ldots\right] d\psi,$$

parce que la série sous le signe $\int$, étant uniformément convergente, est intégrable terme à terme. La formule précédente s'écrit encore sous la forme

$$f(r, \varphi) = \frac{1}{2\pi}\int_0^{2\pi} \frac{f(\psi)(1 - r^2)}{1 - 2r\cos(\psi - \varphi) + r^2}\,d\psi,$$

connue sous le nom de *formule* ou d'*intégrale de Poisson*, parce que Poisson la fit connaître dans le XIXe Cahier du *Journal de l'École Polytechnique*.

Le raisonnement de Poisson laissait à désirer au point de vue de la rigueur, M. A. Schwarz a montré qu'il était facile de le rendre tout à fait rigoureux. M. Schwarz a étudié aussi ce que donne l'intégrale de Poisson dans le cas où $f(x)$ a des points de discontinuité de première espèce. Pour avoir le droit de conclure, relativement à ce cas, il nous suffirait d'utiliser une remarque déjà faite, sur la possibilité de comparer deux points de discontinuité de première espèce quelconques (n° 1), et d'étudier l'intégrale de Poisson pour *une* fonction particulière ayant des points de discontinuité de première espèce; il nous suffirait, par exemple, d'examiner si l'intégrale de Poisson peut servir à la représentation pour $r < 1$ de la fonction harmonique

$$\text{arc tang}\,\frac{x - \alpha}{y - \beta} \qquad (z = re^{i\varphi} = x + iy),$$

qui a déjà été employée pour des fins analogues par M. A. Schwarz (*Gesamm. math. Abh.*, Bd. 2) et M. J. Riemann (*Annales de l'École Normale*, 1888).

Ces considérations conduisent à une conséquence importante que M. Schwarz a signalée. Supposons que, pour une valeur φ_0, la série de Fourier de $f(\varphi)$ soit convergente. D'après un théorème d'Abel, appliqué à la série entière en r qui représente $f(r, \varphi)$, $f(\varphi_0)$ est la limite, quand r tend vers 1, de $f(r, \varphi_0)$. Mais l'étude qu'on vient de faire fournit des renseignements sur $f(r, \varphi_0)$ lorsque $f(\varphi)$ est assez simple; de sorte qu'on peut dire, dans certains cas, à quoi est égale la somme de la série de Fourier, supposée convergente, de $f(\varphi)$. Les résultats obtenus nous permettent de conclure pour le cas où $f(\varphi)$ est partout continue; en utilisant les indications données on pourra supposer que $f(\varphi)$ a des points de discontinuité de première espèce, d'où l'énoncé suivant :

Si la série de Fourier de la fonction $f(\varphi)$ bornée, de période 2π, partout continue sauf en un nombre fini de points de discontinuité de première espèce, est convergente pour la valeur φ_0, sa somme est égale à $\frac{1}{2}[f(\varphi_0+0)+f(\varphi_0-0)]$.

32. *Propriété fondamentale des fonctions harmoniques.* — Je ne pousserai pas plus loin l'étude de l'intégrale de Poisson et des fonctions harmoniques, relativement à laquelle on consultera avec profit les tomes I et II du *Traité d'Analyse* de M. Picard, mais je veux indiquer comment on pourra démontrer, avec la méthode employée ici ([1]), que la formule de Poisson fournit toutes les fonctions harmoniques continues ainsi que leurs dérivées des deux premiers ordres à condition qu'on l'applique à une circonférence convenable et, par suite, que les fonctions harmoniques n'ont ni maximum, ni minimum.

Pour cela, il suffira de prouver, par la méthode de M. Paraf (*Ann. de la Fac. des Sc. de Toulouse*, t. VI), qu'*il ne peut*

([1]) Cette méthode est en quelque sorte l'inverse de celle que M. Picard emploie, dans le tome I de son *Traité d'Analyse,* pour démontrer le théorème de Weierstrass qui nous a servi de point de départ. Riemann avait peut-être prévu une méthode de ce genre; parlant d'un théorème équivalent au principe de Dirichlet pour le cas de la circonférence, il dit : « Si l'on admet ce théorème qui, en fait, est exact, alors la voie suivie par Cauchy (pour étudier la série de Fourier) conduit au but; de même que, réciproquement, ce théorème peut se déduire de la série de Fourier. » Neumann a essayé d'utiliser cette indication (*Journal de Crelle,* t. 71), mais ses raisonnements sont fort critiquables, comme Heine et Prym l'ont remarqué.

exister deux fonctions harmoniques, continues ainsi que leurs dérivées des deux premiers ordres à l'intérieur d'un contour fermé C, *qui soient égales sur ce contour*. Posons $u = (a^2 - x^2)v$, la quantité $a^2 - x^2$ étant positive dans la région considérée. L'équation de Laplace devient

$$\Delta u = (a^2 - x^2)\,\Delta v - 2x\frac{\partial v}{\partial x} - 2v = 0.$$

S'il existait deux fonctions u remplissant les conditions indiquées, il existerait deux fonctions v satisfaisant à cette équation, et leur différence, que je désigne encore par v, satisferait aussi à cette équation. D'ailleurs v s'annulerait sur C sans être identiquement nulle à l'intérieur de C, donc v aurait à l'intérieur de C un maximum positif ou un minimum négatif. On va voir que cela est impossible. Supposons que v ait un maximum positif au point x_0, y_0; alors on a

$$v(x_0, y_0) > 0, \qquad \left(\frac{\partial v}{\partial x}\right)_{x_0, y_0} = \left(\frac{\partial v}{\partial y}\right)_{x_0, y_0} = 0,$$

$$v(x, y_0) - v(x_0, y_0) = \frac{(x - x_0)^2}{2!}\left(\frac{\partial^2 v}{\partial x^2}\right)_{\xi, y_0} \leqq 0,$$

$$v(x_0, y) - v(x_0, y_0) = \frac{(y - y_0)^2}{2!}\left(\frac{\partial^2 v}{\partial y^2}\right)_{x_0, \eta} \leqq 0,$$

ξ étant compris entre x et x_0, η entre y et y_0.

Ces relations montrent que les deux termes de Δv sont négatifs ou nuls au voisinage de x_0, y_0, donc que le premier terme de l'équation de Laplace transformée est nul ou négatif en ce point. Le second terme de cette équation est nul, le troisième est négatif et non nul; c'est la contradiction annoncée.

CHAPITRE III.

SÉRIES DE FOURIER CONVERGENTES.

I. — Recherche sur la convergence.

33. *Caractère de convergence des séries de Fourier.* — Désignons par S_n la somme des $n+1$ premiers termes de la série de Fourier de $f(x)$; on a

$$
\begin{aligned}
S_n = {} & \frac{1}{2\pi}\int_{\alpha}^{2\pi+\alpha} f(\theta)\,d\theta \\
& + \frac{1}{\pi}\sum_{p=1}^{p=n}\Bigg[\cos px\int_{\alpha}^{2\pi+\alpha} f(\theta)\cos p\theta\,d\theta \\
& \qquad + \sin px\int_{\alpha}^{2\pi+\alpha} f(\theta)\sin p\theta\,d\theta\Bigg] \\
= {} & \frac{1}{\pi}\int_{\alpha}^{2\pi+\alpha} f(\theta)\left[\frac{1}{2}+\sum_{p=1}^{p=n}\cos p(x-\theta)\right]dt \\
= {} & \frac{1}{\pi}\int_{\alpha}^{2\pi+\alpha} \frac{\sin(2n+1)\dfrac{x-\theta}{2}}{2\sin\dfrac{x-\theta}{2}}\,f(\theta)\,d\theta.
\end{aligned}
$$

Faisons le changement de variable $\theta = x + 2t$; nous aurons

$$S_n = \frac{1}{\pi}\int_{\beta}^{\beta+\pi} \frac{\sin(2n+1)t}{\sin t}\,f(x+2t)\,dt,$$

et, en prenant $\beta = -\frac{\pi}{2}$,

$$S_n = \frac{1}{\pi}\left[\int_{-\frac{\pi}{2}}^{0} \frac{\sin(2n+1)t}{\sin t} f(x+2t)\,dt + \int_0^{\frac{\pi}{2}} \frac{\sin(2n+1)t}{\sin t} f(x+2t)\,dt\right]$$

$$= \frac{1}{\pi}\int_0^{\frac{\pi}{2}} \frac{\sin(2n+1)t}{\sin t}[f(x+2t)+f(x-2t)]\,dt,$$

comme on le voit en changeant t en $-t$ dans la première intégrale du second membre.

Si nous appliquions cette formule à la fonction F qui est constante et partout égale à la valeur $f(x)$ que prend notre fonction f pour la valeur particulière x que nous considérons, S_n serait évidemment égale à $f(x)$, puisque la série de Fourier de F se réduirait à son premier terme; d'où la formule, facile à vérifier directement,

$$f(x) = \frac{1}{\pi}\int_0^{\frac{\pi}{2}} \frac{\sin(2n+1)t}{\sin t} 2f(x)\,dt.$$

Pour la somme S_n relative à la fonction f, nous avons

$$\pi[S_n - f(x)] = \int_0^{\frac{\pi}{2}} \frac{\sin(2n+1)t}{\sin t}[f(x+2t)+f(x-2t)-2f(x)]\,dt.$$

Représentons cette quantité par R_n et posons

$$\varphi(t) = f(x+2t)+f(x-2t)-2f(x) = \psi(t)\sin t,$$

de sorte que, avec nos notations, nous avons

$$R_n = \int_0^{\frac{\pi}{2}} \frac{\sin(2n+1)t}{\sin t}\varphi(t)\,dt = \int_0^{\frac{\pi}{2}} \sin(2n+1)t\,\psi(t)\,dt.$$

Il va nous suffire de rechercher des cas où R_n tend vers zéro avec $\frac{1}{n}$ pour avoir des cas de convergence de la série vers $f(x)$; dans ces cas, la signification de R_n sera évidente : R_n sera, au facteur π près, le reste de la série de Fourier, quand on s'arrête au $(n+1)^{\text{ième}}$ terme.

Avant de faire cette recherche, remarquons que $f(x)$ n'étant assujetti qu'à avoir une intégrale et à admettre 2π pour période, $\psi(t)$ ne sera assujettie dans $\left(0, \frac{\pi}{2}\right)$ qu'à la condition d'avoir une intégrale dans tout intervalle n'ayant pas o pour origine.

Pour donner des exemples des circonstances qui peuvent se présenter, il nous suffira donc de citer des fonctions ψ assujetties à la condition que je viens d'indiquer et pour lesquelles ces circonstances se présentent.

Remarquons encore que, si x est un point de continuité ou un point régulier de f (n° 2), $\varphi(t)$ est continue pour $t=0$ et $\varphi(0)=0$; cela veut dire que $t\,\psi(t)$ tendra alors vers zéro en même temps que t.

Nous avons

$$R_n = \sum_{p=0}^{p=n-1} \int_{p\frac{\pi}{2n+1}}^{(p+1)\frac{\pi}{2n+1}} \psi(t)\sin(2n+1)t\,dt$$

$$+ \int_{p\frac{\pi}{2n+1}}^{\frac{\pi}{2}} \psi(t)\sin(2n+1)t\,dt.$$

Examinons d'abord cette dernière intégrale que l'on appellera ε_n; elle est évidemment inférieure en valeur absolue à l'intégrale de $|\psi(t)|$, prise de $n\frac{\pi}{2n+1}$ à $\frac{\pi}{2}$; donc elle tend vers zéro avec $\frac{1}{n}$, à cause de la continuité des intégrales indéfinies (n° 11), parce que $|\psi(t)|$ a une intégrale autour de $\frac{\pi}{2}$.

Dans les intégrales correspondant aux valeurs $p=2, 4, 6, \ldots$, changeons t en $t+\frac{\pi}{2n+1}$; cela transforme chacune de ces intégrales en une intégrale prise entre les mêmes limites que celle qui la précède, à laquelle nous la réunirons; nous obtenons ainsi

$$R_n = \varepsilon_n + \varepsilon'_n + \int_0^{\frac{\pi}{2n+1}} \psi(t)\sin(2n+1)t\,dt$$

$$+\sum_{q=1}^{q=s}\int_{(2q-1)\frac{\pi}{2n+1}}^{(2q+1)\frac{\pi}{2n+1}} \sin(2n+1)t\left[\psi(t)-\psi\left(t+\frac{\pi}{2n+1}\right)\right]dt;$$

dans cette formule, s désigne le plus grand entier ne surpassant pas $\frac{n-1}{2}$, ε'_n désigne o si n est impair et $\int_{(n-1)\frac{\pi}{2n+1}}^{n\frac{\pi}{2n+1}} \psi(t)\sin t\,dt$ si n est pair. Il est évident que ε'_n tend vers zéro avec $\frac{1}{n}$ de même que ε_n.

Comme on a

$$\left|\int_{(2q-1)\frac{\pi}{2n+1}}^{(2q+1)\frac{\pi}{2n+1}} \sin(2n+1)t\left[\psi(t)-\psi\left(t+\frac{\pi}{2n+1}\right)\right]dt\right|$$

$$\leqq \int_{(2q-1)\frac{\pi}{2n+1}}^{(2q+1)\frac{\pi}{2n+1}} \left|\psi(t)-\psi\left(t+\frac{\pi}{2n+1}\right)\right|dt,$$

il en résulte

$$|R_n| \leqq \left|\int_0^{\frac{\pi}{2n+1}} \psi(t)\sin(2n+1)t\,dt\right|$$

$$+\int_{\frac{\pi}{2n+1}}^{\frac{\pi}{2}} \left|\psi(t)-\psi\left(t+\frac{\pi}{2n+1}\right)\right|dt + |\varepsilon_n| + |\varepsilon'_n|.$$

Pour étudier la première intégrale, admettons que l'intégrale indéfinie

$$\Phi(t) = \int_0^t |\varphi(t)|\,dt$$

ait une dérivée nulle pour $t = 0$; ce qui est réalisé en particulier toutes les fois que φ est continue et nulle à l'origine, donc en tous les points réguliers de f.

Nous avons

$$\left|\int_0^{\frac{\pi}{2n+1}} \psi(t)\sin(2n+1)t\,dt\right| = \left|\int_0^{\frac{\pi}{2n+1}} \frac{\varphi(t)}{\sin t}\sin(2n+1)t\,dt\right|$$

$$\leqq (2n+1)\int_0^{\frac{\pi}{2n+1}} |\varphi(t)|\,dt = (2n+1)\frac{\pi}{2n+1}\theta_n,$$

θ_n étant une quantité qui tend vers zéro avec $\frac{1}{n}$, puisque c'est une valeur approchée de la dérivée $\Phi'(0)$.

Nous pouvons maintenant conclure :

La série de Fourier converge au point x vers la fonction si l'intégrale de $|\varphi(t)|$ a une dérivée nulle pour $t=0$ et si la quantité

$$\int_\delta^{\frac{\pi}{2}} |\psi(t+\delta)-\psi(t)|\,dt \qquad \left(0<\delta<\frac{\pi}{2}\right)$$

tend vers zéro avec δ.

34. *Théorèmes de Riemann.* — La quantité $|\psi(t+\delta)-\psi(t)|$, intégrée de α à $\frac{\pi}{2}$ $\left(0<\alpha<\frac{\pi}{2}\right)$, tend vers zéro avec δ, puisque, dans $\left(\alpha, \frac{\pi}{2}\right)$, ψ a une intégrale (n° 13); on peut, par conséquent, remplacer dans la condition de convergence qui précède

$$\int_\delta^{\frac{\pi}{2}} |\psi(t+\delta)-\psi(t)|\,dt \qquad \text{par} \qquad \int_\delta^{\alpha} |\psi(t+\delta)-\psi(t)|\,dt.$$

Cette remarque conduit à un théorème important dû à Riemann. Soient deux fonctions f_1 et f_2, ayant des séries de Fourier, et égales entre elles autour du point x. Les fonctions φ et ψ correspondant à la différence f_1-f_2 sont nulles pour t assez petit, par suite Φ est nulle autour de $t=0$ et pour α et δ assez petits

$$\int_\delta^{\alpha} |\psi(t+\delta)-\psi(t)|\,dt$$

est aussi nulle. C'est dire que la série de Fourier de $f_1 - f_2$ est convergente pour la valeur x; par suite, les séries de Fourier de f_1 et de f_2 sont convergentes ou divergentes à la fois; c'est le théorème de Riemann :

La convergence de la série de Fourier de f pour une valeur déterminée de x ne dépend que de la manière dont se comporte f autour de cette valeur x.

Cette propriété peut se déduire de notre raisonnement d'une autre manière. Ce qui nous a obligé à étudier à part la contribution de l'intervalle $\left(0, \frac{\pi}{2n+1}\right)$ dans l'intégrale R_n, c'est que ψ n'a peut-être pas d'intégrale dans cet intervalle. Quand on suppose que ψ a une intégrale dans $\left(0, \frac{\pi}{2n+1}\right)$, on peut traiter cet intervalle comme les autres, ou encore on peut affirmer que la contribution de cet intervalle tend vers zéro quand n croît, car on a

$$\left|\int_0^{\frac{\pi}{2n+1}} \psi(t)\sin(2n+1)t\,dt\right| \leqq \int_0^{\frac{\pi}{2n+1}} |\psi(t)|\,dt;$$

et le second membre tend vers zéro quand n croît, puisque l'intégrale indéfinie de $|\psi(t)|$ existe, et par suite est continue.

D'autre part, dans l'hypothèse considérée, on peut écrire

$$\int_\delta^{\frac{\pi}{2}} |\psi(t+\delta)-\psi(t)|\,dt \leqq \int_0^{\frac{\pi}{2}} |\psi(t+\delta)-\psi(t)|\,dt,$$

le second membre tendant vers zéro avec δ.

Donc, si ψ a une intégrale dans $\left(0, \frac{\pi}{2}\right)$,

$$\int_0^{\frac{\pi}{2}} \psi(t)\sin(2n+1)t\,dt$$

tend vers zéro avec $\frac{1}{n}$. Qu'y aurait-il de changé si l'on étudiait la même intégrale étendue de a à b, au lieu de 0 à $\frac{\pi}{2}$, ψ ayant une intégrale dans (a, b)?

Tous nos raisonnements s'appliqueraient; seulement on aurait en général deux termes de forme irrégulière, analogues à celui qui a été désigné par ε_n, l'un fourni par le commencement de (a, b), l'autre par la fin. Il n'y aurait encore rien d'essentiel à modifier s'il s'agissait d'étudier l'intégrale de $\psi(t)\sin nt$, ou celle de $\psi(t)\cos nt$, au lieu d'étudier l'intégrale de $\psi(t)\sin(2n+1)$. De là résulte un autre théorème de Riemann :

Si la fonction ψ a une intégrale dans (a, b), les intégrales

$$\int_a^b \psi(t)\cos nt\,dt, \qquad \int_a^b \psi(t)\sin nt\,dt$$

tendent vers zéro avec $\frac{1}{n}$, et, en particulier :

La suite des coefficients d'une série de Fourier converge toujours vers zéro.

Riemann a démontré ce théorème pour les séries de Fourier relatives aux fonctions auxquelles sa définition permet d'attacher une intégrale; la démonstration donnée ici s'applique à toutes les séries de Fourier des fonctions sommables. Le théorème n'est pas nécessairement exact pour les séries de Fourier généralisées (n° **19**); Riemann l'a montré par un exemple au paragraphe XIII de son Mémoire. C'est pour cela que la méthode employée ici pour étudier la convergence des séries de Fourier ne paraît pas pouvoir servir pour l'étude des séries de Fourier généralisées.

Du second théorème énoncé, celui qui a été donné le premier se déduit immédiatement. Reprenons les fonctions f_1 et f_2; les fonctions ψ_1 et ψ_2 correspondantes sont identiques dans un certain intervalle $(0, \alpha)$; alors, dans chacun des restes correspondants $R_{1,n}$, $R_{2,n}$, la contribution de l'intervalle $(0, \alpha)$ est la même et la contribution

$$\int_\alpha^{\frac{\pi}{2}} \psi_1(t)\sin(2n+1)t\,dt \qquad \text{ou} \qquad \int_\alpha^{\frac{\pi}{2}} \psi_2(t)\sin(2n+1)t\,dt$$

de l'intervalle $\left(\alpha, \frac{\pi}{2}\right)$ tend vers zéro avec $\frac{1}{n}$. C'est dire que $R_{1,n}$ et $R_{2,n}$ tendent ou ne tendent pas en même temps vers zéro, d'où le théorème énoncé.

35. *Les deux espèces de conditions de convergence.* — Ce théorème de Riemann prouve que, pour la convergence de la série de Fourier de f, au point x il est nécessaire que f possède une certaine propriété en ce point; il n'est pas nécessaire que f possède une certaine propriété dans tout un intervalle.

La condition de convergence qui vient d'être énoncée ne fait intervenir qu'une propriété au point x; les conditions énoncées au Chapitre précédent faisaient intervenir des propriétés relatives aux intervalles. Aussi ces conditions étaient-elles, en réalité, des conditions de convergence uniforme.

M. P. Fatou (¹) a remarqué que, de toutes les conditions de convergence en un point actuellement connues, on pouvait déduire des conditions de convergence uniforme en supposant que les conditions de convergence en un point soient remplies *uniformément* dans tout un intervalle; le sens précis du mot *uniformément* étant facile à fixer dans chaque cas. Pour la condition de convergence en un point précédemment trouvée la remarque de M. Fatou s'applique aisément. D'après la signification de R_n, il faut, pour la convergence uniforme dans un intervalle où f est continue, que R_n tende uniformément vers zéro; il suffit pour cela (n° 33) que la somme

$$\left|\int_0^{\frac{\pi}{2n+1}} \psi(t)\sin(2n+1)t\,dt\right| + \int_{\frac{\pi}{2n+1}}^{\frac{\pi}{2}} \left|\psi(t)-\psi\left(t+\frac{\pi}{2n+1}\right)\right| dt + |\varepsilon_n| + |\varepsilon'_n|$$

tende uniformément vers zéro.

D'abord $|\varepsilon_n|$ tend uniformément vers zéro; on a, en effet,

$$|\varepsilon_n| \leqq \int_{n\frac{\pi}{2n+1}}^{\frac{\pi}{2}} |\psi(t)|\,dt \leqq 2\int_{n\frac{\pi}{2n+1}}^{\frac{\pi}{2}} |\varphi(t)|\,dt;$$

la première inégalité a été obtenue au n° 33, la seconde résulte de

(¹) *Société Math. de France*, séance du 18 mai 1905.

ce que $\sin t$ surpasse $\frac{1}{2}$ au voisinage de $\frac{\pi}{2}$. Or, le troisième membre tend uniformément vers zéro, car on a, $\omega(l)$ désignant le maximum de l'oscillation de l'intégrale indéfinie de $|f|$ dans un intervalle quelconque d'étendue $2l$,

$$\int_a^{a+l} |\varphi(t)|\,dt \leqq \int_a^{a+l} |f(x+2t)|\,dt$$
$$+\int_a^{a+l} |f(x-2t)\,dt| + 2\int_a^{a+l} |f(x)|\,dx \leqq 2\omega(l).$$

Un raisonnement semblable s'applique à $|\varepsilon'_n|$. On a vu, d'autre part, que l'on a, quand f est continue dans un intervalle qui contient x,

$$\left|\int_0^{\frac{\pi}{2n+1}} \psi(t)\sin(2n+1)t\,dt\right| \leqq \pi\theta_n,$$

θ_n étant une valeur que prend φ dans $\left(0, \frac{\pi}{2n+1}\right)$; donc l'intégrale du premier membre tend uniformément vers zéro dans tout intervalle complètement intérieur à l'intervalle de continuité considéré. Donc :

La série de Fourier d'une fonction f, continue dans (a, b), est uniformément convergente dans (a_1, b_1), $(a<a_1<b_1<b)$, si l'intégrale

$$\int_\delta^{\frac{\pi}{2}} |\psi(t+\delta)-\psi(t)|\,dt,$$

qui est une fonction de δ et de x, tend uniformément vers zéro avec δ, quel que soit x dans (a_1, b_1).

On va voir, dans un instant, que l'on peut remplacer la limite supérieure d'intégration $\frac{\pi}{2}$ par α, avec la condition $0<\alpha<\frac{\pi}{2}$.

36. *Transformations des conditions de convergence.* — Posons

$$\chi(t) = \frac{\varphi(t)}{t};$$

dans les deux conditions de convergence obtenues, on peut

remplacer

$$|\psi(t+\delta)-\psi(t)|$$

par l'une des quantités

$$|\chi(t+\delta)-\chi(t)|, \quad \left|\frac{\varphi(t+\delta)-\varphi(t)}{t}\right|, \quad \left|\frac{\varphi(t+\delta)-\varphi(t)}{\sin t}\right|.$$

On va légitimer seulement les deux premières transformations. Pour cela, il suffira évidemment de poser

$$\chi(t+\delta)-\chi(t)=[\psi(t+\delta)-\psi(t)]\frac{\sin(t+\delta)}{t+\delta}+R(\delta)=\frac{\varphi(t+\delta)-\varphi(t)}{t}+S(\delta),$$

et de prouver que $\int_\delta^\alpha |R(\delta)|\,dt$ et $\int_\delta^\alpha |S(\delta)|\,dt$ tendent vers zéro avec t ; et cela uniformément, quel que soit x dans tout intervalle complètement intérieur à un intervalle de continuité de $f(x)$ (¹) :

$$R(\delta)=\psi(t)\left[\frac{\sin(t+\delta)}{t+\delta}-\frac{\sin t}{t}\right]=\delta\zeta\,\psi(t),$$

ζ étant la valeur de la dérivée de $\frac{\sin t}{t}$ pour une valeur $t=\tau$ prise dans $(t, t+\delta)$. Comme on a

$$\lim_{\tau=0}\frac{1}{\tau}\left(\frac{d}{dt}\frac{\sin t}{t}\right)_{t=\tau}=\lim_{\tau=0}\frac{\tau\cos\tau-\sin\tau}{\tau^3}=-\frac{1}{3};$$

on pourra choisir A, indépendamment de x, de manière que, dans (δ, α), $|\zeta|$ ne surpasse pas $A\tau$. Mais on a

$$\delta \leqq t \leqq \tau \leqq t+\delta \leqq 2t,$$

donc

$$|R(\delta)| \leqq 2A\delta\,|\varphi(t)|\,\frac{t}{\sin t};$$

de cette formule on déduit

$$\int_\delta^\alpha |R(\delta)|\,dt \leqq 2A\delta\int_\delta^\alpha |\varphi(t)|\,dt \leqq 8A\delta\int_0^{2\pi} |f(x)|\,dx,$$

(¹) Le nombre α est toujours tel que l'on ait $0<\alpha<\frac{\pi}{2}$; avec certaines expressions des conditions de convergence on peut prendre α quelconque positif.

et la première transformation est légitimée. Pour la seconde, on a

$$\mathrm{S}(\delta) = \varphi(t+\delta)\frac{\delta}{t(t+\delta)},$$

d'où

$$\int_\delta^\alpha |\mathrm{S}(\delta)|\,dt \leqq \int_\delta^\alpha \frac{|\varphi(t+\delta)|}{t^2}\,dt.$$

Intégrons par parties; en conservant toujours les mêmes notations (n° 33), nous avons

$$\int_\delta^\alpha |\mathrm{S}(\delta)|\,dt \leqq \frac{\delta\Phi(\alpha+\delta)}{\alpha^2} - \frac{\Phi(2\delta)}{\delta} + 2\delta\int_\delta^\alpha \frac{\Phi(t+\delta)}{t^3}\,dt.$$

Puisque nous supposons $\Phi'(0) = 0$, les deux premiers termes tendent vers zéro avec δ. La convergence est d'ailleurs uniforme; ceci résulte, pour le premier terme, de ce que $\Phi(\alpha+\delta)$ est bornée, quels que soient x, α et δ; pour le deuxième, de ce que $\frac{1}{\delta}\Phi(2\delta)$ est au plus égal à quatre fois l'oscillation maximum de f dans un intervalle d'étendue 4δ, pris dans (a, b); reste le troisième terme. L'ordre de grandeur de ce terme est le même que celui de $\delta\int_\delta^\beta \frac{\Phi(t+\delta)}{t^3}\,dt$, β étant choisi positif quelconque. Or on peut prendre β assez petit pour que l'on ait, dans (δ, β),

$$0 < \Phi(t+\delta) < (t+\delta)\varepsilon < 2\varepsilon t,$$

ε étant positif arbitrairement choisi. Alors on a

$$\delta\int_\delta^\beta \frac{\Phi(t+\delta)}{t^3}\,dt < 2\varepsilon\delta\int_\delta^\alpha \frac{dt}{t^2} = 2\varepsilon - 2\varepsilon\frac{\delta}{\alpha} < 2\varepsilon.$$

La seconde transformation de la condition de convergence en un point est ainsi justifiée. Pour que la même transformation soit justifiée pour la condition de convergence uniforme il suffit de remarquer que le choix de β, correspondant à ε, peut être fait indépendamment de x et de prouver que $\delta\int_\beta^\alpha \frac{\Phi(t+\delta)}{t^2}\,dt$ tend uniformément vers zéro. Or cela résulte de l'inégalité évidente

$$\delta\int_\beta^\alpha \frac{\Phi(t+\delta)}{t^2}\,dt \leqq \frac{\delta}{\beta^2}\int_\beta^\alpha \Phi(t+\delta)\,dt.$$

Il n'a pas encore été démontré que, dans la condition de convergence uniforme, on pouvait remplacer l'intégrale de δ à $\frac{\pi}{2}$ par la même intégrale prise de δ à α. Pour montrer que cela est possible il nous suffira, d'après ce qui précède, de montrer que

$$\int_{\alpha}^{\frac{\pi}{2}} \frac{|\varphi(t+\delta)-\varphi(t)|}{t}\,dt$$

tend uniformément vers o avec δ. Or cela résulte de l'inégalité évidente

$$\int_{\alpha}^{\frac{\pi}{2}} \frac{|\varphi(t+\delta)-\varphi(t)|\,dt}{t} \leqq \frac{1}{\alpha}\int_{\alpha}^{\frac{\pi}{2}} |\varphi(t+\delta)-\varphi(t)|\,dt$$
$$\leqq \frac{2}{\alpha}\int_{0}^{2\pi} |f(x+2\delta)-f(x)|\,dx.$$

37. *Condition de M. Dini.* — Il a été démontré incidemment au n° 34 que S_n tendait vers zéro quand ψ avait une intégrale de o à $\frac{\pi}{2}$, donc *la série de Fourier de f est convergente au point x si $\psi(t)$ a une intégrale dans* $\left(0, \frac{\pi}{2}\right)$. Il est évident que ψ et χ ont ou n'ont pas, en même temps, une intégrale dans $\left(0, \frac{\pi}{2}\right)$; on peut donc remplacer ψ par χ dans l'énoncé précédent. Si l'on se reporte à la définition de χ on pourra dire, en particulier, que *la série de Fourier de f converge au point x si* $\left|\frac{f(x+t)-f(x)}{t}\right|$ *a une intégrale dans tout intervalle.*

Ces conditions de convergence ont été données par M. Dini pour le cas particulier des fonctions intégrables au sens de Riemann [1]. On pourrait démontrer facilement qu'elles rentrent comme cas particuliers dans l'énoncé du n° 33; on pourrait aussi en déduire une condition de convergence uniforme. Je laisse tout cela de côté pour donner les énoncés plus particuliers que celui de M. Dini.

---

[1] *Serie di Fourier e rappresentazioni analitiche delle funzioni di una variabile reale.* Pise, 1880.

Nous obtiendrons de tels énoncés en appliquant à $|\psi|$, $|\chi|$ ou à

$$\left|\frac{f(x+t)-f(x)}{t}\right|$$

des critères connus de convergence des intégrales; ceux de Cauchy et de Bertrand, par exemple. Bornons-nous aux premiers; on voit alors, en particulier, que, *si l'on a*

$$|f(t+x)-f(x)| \leqq \mathrm{M}t^{\theta},$$

où M *et* θ *sont des nombres positifs constants quelconques, la série de Fourier de* f *est convergente au point* x parce que le critère de Cauchy s'applique à $\left|\frac{f(x+t)-f(x)}{t}\right|$.

Cette condition de convergence est souvent désignée sous le nom de *condition de Lipschitz* bien que Lipschitz n'ait énoncé qu'une condition assez différente qui est une condition de convergence uniforme; on la rencontrera plus loin (nº 39).

Un énoncé plus particulier encore est relatif au cas où $\theta = 1$. Alors $\frac{f(x+t)-f(x)}{t}$ étant borné, f a ses nombres dérivés bornés au point x. *La série de Fourier de* f *est convergente au point* x *si, en ce point,* f *a des nombres dérivés bornés et en particulier si, en ce point,* f *a une dérivée déterminée et finie.*

Nous aurions eu des énoncés plus généraux en opérant sur ψ ou χ au lieu d'opérer sur $\frac{f(x+t)-f(x)}{t}$.

38. *Exemples de fonctions développables en série de Fourier.* — Voici des exemples qui montreront quelques-unes des singularités que peut présenter la somme d'une série de Fourier. Prenons $f(x)$ telle que

$$f(x)+f(-x)=0,$$

$$f(0)=f(\pi)=f\left(\frac{\pi}{2}\right)=f\left(\frac{\pi}{2^2}\right)=f\left(\frac{\pi}{2^3}\right)=\ldots=0,$$

$$f(x)=1 \qquad \text{pour} \qquad \frac{\pi}{2^{2p}}>x>\frac{\pi}{2^{2p+1}} \quad (p=0, 1, 2, \ldots),$$

$$f(x)=-1 \qquad \text{pour} \qquad \frac{\pi}{2^{2p+1}}>x>\frac{\pi}{2^{2p+2}} \quad (p=0, 1, 2, \ldots).$$

La série de Fourier de $f(x)$ est partout convergente parce que, quel que soit x, $\varphi(t)$ est nulle pour t assez petit. Cependant $f(x)$

présente des points de discontinuité de première espèce : les points $\pi, \frac{\pi}{2}, \frac{\pi}{2^2}, \ldots$, qui sont des points réguliers. L'origine est un point de discontinuité de seconde espèce.

Changeons $f(x)$ dans les intervalles où sa valeur était ± 1 de manière qu'elle devienne égale à $\frac{1}{\sqrt{|x|}}$ là où elle était égale à 1 et à $-\frac{1}{\sqrt{|x|}}$ là où elle égalait -1 $(-\pi < x < +\pi)$. $|f(x)|$ a une intégrale, $f(x)$ a une série de Fourier et, comme $\varphi(t)$ a toujours une dérivée pour $t = 0$, cette série de Fourier converge partout vers $f(x)$. La fonction $f(x)$ présente les mêmes singularités que précédemment et de plus elle est non bornée.

Voici maintenant un exemple de fonction non intégrable au sens de Riemann et cependant représentée partout par sa série de Fourier. Il nous suffira de définir cette fonction f dans $(0, 2\pi)$. Nous supposons marqué dans $(0, 2\pi)$ un ensemble fermé E, dont 0 et 2π font partie, de mesure non nulle. La fonction $f(x)$ aura les points de E pour points de discontinuité, elle ne sera donc pas intégrable dans $(0, 2\pi)$ par la méthode de Riemann.

Soit, d'autre part, une fonction $\varpi(t)$ continue et bornée dans $(3, \infty)$ qui a partout des dérivées premières et secondes et telle que $\varpi'(t)$ ne s'annule que pour les valeurs entières de t, pour lesquelles on a

$$\varpi(t) = 1 - \frac{1}{2} + \frac{1}{3} + \ldots + \frac{(-1)^t}{t-1}.$$

Soit (a, b) un intervalle contigu à E, c'est-à-dire un intervalle dont les extrémités appartiennent à E et qui ne contient pas d'autre point de E. Nous supposons E tel que tous les intervalles (a, b) soient de longueur inférieure à $\frac{2}{3}$. Nous prendrons

$$f(x) = \frac{d}{dx}\left[(x-a)^2 \varpi\left(\frac{1}{x-a}\right)\right]$$

de a jusqu'à la plus grande valeur $a+c$ qui ne surpasse pas $\frac{a+b}{2}$ et pour laquelle cette dérivée s'annule. De $a+c$ à $b-c$ on prendra $f = 0$; de $b-c$ à b on prendra

$$f(x) = \frac{d}{dx}\left[(b-x)^2 \varpi\left(\frac{1}{b-x}\right)\right].$$

Il est évident que si $\varpi'(t)$ ne tend vers aucune limite quand t croît, f admet tous les points de E pour points de discontinuité de seconde espèce; d'ailleurs, en prenant $f=0$ pour les points de E, f est bornée si ϖ' est bornée, ce que nous supposerons ([1]); alors f a une série de Fourier.

Cette série de Fourier converge vers f en tous les points qui ne font pas partie de E, parce qu'en ces points $f(x)$ a une dérivée. Soit x_0 un point de E, on va voir que $\left|\frac{f(x)}{x-x_0}\right|$ a une intégrale. Soient (a, b) un intervalle contigu à E, c le nombre précédemment défini, et supposons $a \geqq x_0$. On a $x - x_0 > x - a$ dans $(a, a+c)$, $x - x_0 > x - a > b - x$ dans $(b-c, b)$, donc

$$\int_a^b \left|\frac{f(x)}{x-x_0}\right| dx$$
$$= \int_a^{a+c} \left|\frac{f(x)}{x-x_0}\right| dx + \int_{b-c}^{b} \left|\frac{f(x)}{x-x_0}\right| dx \leqq 2\int_a^{a+c} \frac{|f(x)|}{x-a}\, dx.$$

La démonstration serait la même si l'on avait $b \leqq x_0$.

On a

$$\int_a^{a+c} \frac{|f(x)|}{x-a}\, dx < 2\int_a^{a+c} \varpi\left(\frac{1}{x-a}\right) dx + \int_a^{a+c} \frac{\left|\varpi'\left(\frac{1}{x-a}\right)\right|}{x-a}\, dx,$$

car ϖ est une fonction positive. ϖ est inférieure à 1, donc

$$\int_a^{a+c} \frac{|f(x)|}{x-a}\, dx < 2c + \int_{\frac{1}{c}}^{\infty} \frac{|\varpi'(t)|}{t}\, dt.$$

Soit γ le plus grand entier non supérieur à $\frac{1}{c}$, on a

$$\int_{\frac{1}{c}}^{\infty} \frac{|\varpi'(t)|}{t}\, dt \leqq \sum_{n=\gamma}^{n=\infty} \int_n^{n+1} \frac{|\varpi'(t)|}{t}\, dt$$
$$\leqq \sum_{n=\gamma}^{n=\infty} \frac{|\varpi(n+1)-\varpi(n)|}{n} = \sum_{n=\gamma}^{n=\infty} \frac{1}{n^2} < \frac{1}{\gamma-1}.$$

([1]) Les conclusions resteraient exactes sans cette supposition; *voir* mon Mémoire des *Annales de l'École Normale;* octobre 1903.

Comme γ est au moins égal à 3, car c est au plus égal à $\frac{1}{3}$, $\frac{1}{\gamma-1}$ est au plus égal à $\frac{2}{\gamma+1}$, donc inférieur à $2c$.

L'intégrale de $\left|\frac{f(x)}{x-x_0}\right|$ dans (a, b) est donc inférieure à $8c$ et par suite inférieure à $4(b-a)$; donc l'intégrale de $\left|\frac{f(x)}{x-x_0}\right|$ prise de 0 à 2π est inférieure à 8π. Comme on a $f(x_0)=0$, on voit que la condition de M. Dini est remplie au point x_0, *la série de Fourier de f converge donc partout vers f* (1).

39. *Condition de Lipschitz-Dini.* — Les conditions de convergence qu'on va trouver sont surtout intéressantes comme conditions de convergence uniforme. Supposons $\varphi(t)$ continue et désignons par $A(\delta)$ le maximum de $|\varphi(t+\delta)-\varphi(t)|$, alors on a

$$\int_\delta^\alpha \frac{|\varphi(t+\delta)-\varphi(t)|}{t}\,dt \leqq A(\delta)\int_\delta^\alpha \frac{dt}{t} = A(\delta)\mathcal{L}\alpha - A(\delta)\mathcal{L}(\delta).$$

Il suffit donc que $A(\delta)\mathcal{L}(\delta)$ tende vers zéro avec δ pour qu'il y ait convergence. On énonce généralement ce résultat pour le cas où $f(x)$ vérifie la condition analogue; d'où ce théorème :

Si $f(x)$ est convergente dans un intervalle (a, b), à l'intérieur duquel $|[f(x+\delta)-f(x)].\mathcal{L}\delta|$ tend uniformément vers zéro avec δ, la série de Fourier de f converge uniformément dans tout intervalle (a_1, b_1) complètement intérieur à (a, b).

Cette propriété résulte des raisonnemeuts de Lipschitz (*Journal de Crelle*, t. 63) très différents de ceux du texte; mais Lipschitz n'avait conclu que pour le cas plus particulier où l'on a, dans tout un intervalle,

$$|f(x+\delta)-f(x)| < M\delta^\alpha,$$

(1) La fonction $f(x)$ du texte n'est pas entièrement déterminée; pour qu'elle le soit, il faudrait *nommer* un ensemble E et une fonction ϖ satisfaisant aux conditions indiquées; cela ne présente pas de difficultés. Dans tous les cas f est une fonction dérivée non intégrable au sens de Riemann; si l'on remplaçait, dans la définition de f, $\varpi(t)$ par $\sin t$, on aurait la première fonction dérivée non intégrable, au sens de Riemann, qui a été construite; elle est due à M. Volterra [*Sui principii del Calcolo integrale* (*Giornale de Battaglini*, 1881)].

M et α étant positifs. Lipschitz énonçait ainsi une condition de convergence uniforme qui correspond à la condition de convergence en un point énoncée au n° 37. C'est M. Dini qui a remarqué le premier que le raisonnement de Lipschitz conduisait à une conclusion plus étendue (*Sopra la serie di Fourier*, Pise, 1872).

40. *Condition de M. Jordan et condition de Dirichlet.* — Pour arriver à ces conditions, je vais énoncer quelques théorèmes intermédiaires.

La série de Fourier de f est convergente au point régulier x, si l'une des fonctions $\chi(t)$ *ou* $\psi(t)$ *est monotone dans* $(0, \alpha)$ (n° 3). Supposons, par exemple, χ décroissante, alors

$$\int_{\delta}^{\alpha} |\chi(t+\delta)-\chi(t)|\,dt = \int_{\delta}^{\alpha} [\chi(t)-\chi(t+\delta)]\,dt$$
$$= \int_{\delta}^{2\delta} \chi(t)\,dt - \int_{\alpha}^{\alpha+\delta} \chi(t)\,dt.$$

Les deux intégrales du troisième membre tendent évidemment vers zéro, car on a

$$\left|\int_{\delta}^{2\delta} \chi(t)\,dt\right| \leqq 2\mathrm{L}, \qquad \left|\int_{\alpha}^{\alpha+\delta} \chi(t)\,dt\right| \leqq \frac{1}{\alpha}\int_{\alpha}^{\alpha+\delta} |\varphi(t)|\,dt;$$

L, qui désigne la limite supérieure de $|\varphi|$ dans $(\delta, 2\delta)$, tend vers zéro puisqu'il s'agit d'un point régulier, pour lequel, par conséquent, $\varphi(t)$ est nulle et continue pour $t = 0$.

Si la condition supposée était remplie dans tout un intervalle (a_1, b_1) complètement intérieur à l'intervalle de continuité (a, b), L et $\int_{\delta}^{\alpha} |\varphi(t)\,dt|$ tendraient uniformément vers zéro avec δ, donc on serait assuré de la convergence uniforme dans (a_1, b_1).

On peut encore affirmer la convergence de la série de Fourier au point x lorsque χ est la différence de deux fonctions monotones χ_1 et χ_2 telles que $\varphi_1 = t\chi_1$, $\varphi_2 = t\chi_2$ tendent vers zéro avec t. Lorsqu'il en est ainsi χ est à variation bornée dans (t, α), $t \neq 0$, nous allons calculer l'ordre de grandeur de sa variation totale $v(t)$.

Si les fonctions χ_1 et χ_2 sont décroissantes, on a

$$\chi(\alpha)-\chi(t) = [\chi_2(t)-\chi_2(\alpha)] - [\chi_1(t)-\chi_1(\alpha)],$$

et, comme les quantités entre crochets sont positives, il en résulte

$$\chi_2(t) - \chi_2(\alpha) \geqq p(t), \qquad \chi_1(t) - \chi_1(\alpha) \geqq n(t),$$

$p(t)$ et $n(t)$ étant les variations totales positives et négatives de $\chi(t)$ dans (t, α) (n° 4). Puisque $v(t) = p(t) + n(t)$, il est évident que $t\,v(t)$ tend vers zéro avec t.

Réciproquement, si $t\,v(t)$ tend vers zéro avec t, il en sera de même de $t\,p(t)$ de $t\,n(t)$ et aussi de $t\chi_1(t)$, $t\chi_2(t)$ si l'on prend

$$\chi_1(t) = \chi(\alpha) + |\chi(\alpha)| + n(t), \qquad \chi_2(t) = |\chi(\alpha)| + p(t).$$

Ainsi : *la série de Fourier converge au point x vers la fonction s'il est possible de trouver $\alpha > 0$ tel que, quel que soit $t \neq 0$ dans $(0, \alpha)$, $\chi(t)$ ou $\psi(t)$ soit à variation bornée dans (t, α), la variation totale correspondante $v(t)$ croissant assez lentement avec $\frac{1}{t}$ pour que $t\,v(t)$ tende vers zéro avec t.*

Calculons les limites supérieures L_1 et L_2 de φ_1 et φ_2 dans $(\delta, 2\delta)$. Puisque dans $(\delta, 2\delta)$ on a $|\varphi_1| \leqq 2\delta\chi_1$, on a aussi

$$L_1 \leqq 4\delta|\chi(\alpha)| + 2\delta\, n(2\delta),$$

et une inégalité analogue pour L_2. Donc, en utilisant les inégalités écrites au commencement de ce numéro, on voit que, *si la condition précédente est remplie dans (a_1, b_1), intérieur à l'intervalle de continuité (a, b), et si $t\,v(t)$ tend uniformément vers zéro, la convergence de la série de Fourier est uniforme dans (a_1, b_1).*

Soit enfin $\varphi(t)$ continue à l'origine et à variation bornée, soit $v(t)$ sa variation totale dans $(0, t)$; $v(t)$ est continue et nulle pour $t = 0$. La variation totale $v(t)$ de φ dans (t, β) $(0 < t < \beta < \alpha)$ est $v(\beta) - v(t)$, donc celle de χ, qu'on notera $V(t)$, dans $(t, \alpha) = (t, \beta) + (\beta, \alpha)$, satisfait à l'inégalité (n° 4)

$$V(t) \leqq \frac{1}{t}[v(\beta) - v(t) + |\varphi(\beta)|] + \frac{1}{\beta}[v(\alpha) - v(\beta) + |\varphi(\alpha)|].$$

Avec cette formule on reconnaît que $t\,V(t)$ tend vers zéro avec t, puisqu'on peut prendre β tel que $v(\beta) + |\varphi(\beta)|$ soit aussi petit que l'on veut; lorsqu'il est possible de choisir β indépendamment de x, $t\,V(t)$ tend uniformément vers zéro. De là un caractère de convergence en un point que je n'énonce pas et le caractère de convergence uniforme bien connu qu'on doit à M. Jordan [1].

La série de Fourier d'une fonction f converge vers la fonction en tous les points de continuité et en tous les points réguliers d'un intervalle (A, B) *où f est à variation bornée; la convergence est uniforme dans tout intervalle* (a_1, b_1) *complètement intérieur à un intervalle de continuité* (a, b), *intérieur lui-même à* (A, B).

Cette condition de convergence contient comme cas particulier la célèbre condition due à Dirichlet, la première qui fut connue [2].

La série de Fourier d'une fonction f, satisfaisant aux conditions énoncées au n° 3 sous le nom de conditions de Dirichlet, *converge vers la fonction en tous ses points réguliers et cela uniformément dans tout intervalle complètement intérieur à un intervalle de continuité.*

Au n° 3 il est dit en particulier que la fonction f est bornée; on renonce parfois à cette restriction pourvu que $|f|$ ait une intégrale. Rien dans nos raisonnements ne supposant qu'il s'agisse d'une fonction bornée, la conclusion indiquée reste exacte pour ces fonctions non bornées satisfaisant aux conditions de Dirichlet.

Dirichlet énonçait cette condition : f n'a qu'un nombre fini de points de discontinuité. Cette condition lui était indispensable parce qu'à l'époque de Dirichlet on ne savait pas intégrer les fonctions n'y satisfaisant pas. Pour se débarrasser en partie de cette restriction, Dirichlet a étendu quelque peu la notion d'intégrale et l'a appliquée à certaines fonctions ayant une infinité de points de discontinuité. Ces travaux de Dirichlet ne nous sont parvenus que par le Mémoire de Lipschitz déjà cité. Les travaux de M. Jordan ont permis de laisser entièrement de côté la restriction de Dirichlet, de sorte que le théorème reste exact si, par *fonction satisfaisant aux conditions de Dirichlet*, on entend une fonction f qui ne cesse d'être croissante pour devenir décroissante ou inversement qu'en un nombre fini de points et, de plus,

---

(1) *Comptes rendus*, 1881.

(2) *Journal de Crelle*, t. 4.

telle que $|f|$ ait une intégrale. Notre démonstration est valable pour ce cas.

II. — Applications diverses.

41. *Formule de Fourier.* — Les résultats obtenus jusqu'ici sont relatifs à la convergence de l'intégrale πS_n

$$\pi S_n = \int_\alpha^{2\pi+\alpha} \frac{\sin(2n+1)\dfrac{x-\theta}{2}}{2\sin\dfrac{x-\theta}{2}} f(\theta)\,d\theta,$$

quand n augmente indéfiniment. Nous avons vu que la limite de cette intégrale restait la même quand on l'étend de β à γ au lieu de l'étendre de α à $2\pi+\alpha$, pourvu que l'on ait $\beta < x < \gamma < \beta + 2\pi$. Il existe toute une classe de fonctions $\varphi(n, \theta)$ des deux variables n et θ qui jouissent des propriétés suivantes : 1° pour une certaine valeur x de θ la fonction $\varphi(n, \theta)$ croît indéfiniment avec n ; 2° $\int_\beta^\gamma \varphi(n, \theta)\,d\theta$ tend vers zéro avec n pourvu que x n'appartienne pas à l'intervalle (β, γ) ; 3° au contraire cette intégrale tend vers une limite déterminée et non nulle quand n croît, si x est intérieur à l'intervalle (β, γ) ; cette limite est alors évidemment indépendante de β et γ. Ces intégrales ont reçu le nom d'*intégrales singulières ;* dans beaucoup de cas on peut démontrer qu'une intégrale est singulière et rechercher sa limite en utilisant des raisonnements analogues à ceux qui ont servi à l'étude de l'intégrale singulière πS_n.

C'est d'ailleurs toujours par l'emploi des méthodes qui conviennent au cas de πS_n et, en particulier, par l'emploi des théorèmes de la moyenne qu'on a étudié les intégrales singulières plus générales. Le principal intérêt d'une telle étude c'est qu'elle permet de démontrer du même coup la possibilité de développer une fonction en série de Fourier et en d'autres séries particulières comme celles dont les termes sont des polynomes de Legendre ([1]). Je vais me

---

([1]) On pourra consulter à ce sujet l'Ouvrage déjà cité de M. Dini : *Serie de Fourier e altra reprezentazioni*, etc., et le Tome II du *Cours d'Analyse* de M. Jordan.

contenter ici d'étudier l'intégrale de Fourier très voisine de l'intégrale πS_n. On a

$$\pi S_n = \int_{\alpha}^{2\pi+\alpha} f(\theta) \sin n(x-\theta) \cot \frac{x-\theta}{2} \frac{d\theta}{2}$$
$$+ \frac{1}{2} \int_{\alpha}^{2\pi+\alpha} f(\theta) \cos n(x-\theta)\, d\theta;$$

du théorème de Rieman, sur la limite des modules des coefficients des séries de Fourier, il résulte que la dernière intégrale de l'égalité précédente tend vers zéro quand n croît. Par suite, s'il s'agit d'une fonction f n'ayant que des points de discontinuité de première espèce et dont la série de Fourier est convergente, on a

$$\lim_{n=\infty} \int_{\alpha}^{2\pi+\alpha} f(\theta) \sin n(x-\theta) \cot \frac{x-\theta}{2} \frac{d\theta}{2} = \frac{\pi}{2} [f(x+0)+f(x-0)].$$

Supposons en particulier que f soit à variation bornée; alors il en est de même de $\frac{2f(\theta)}{x-\theta} \operatorname{tang} \frac{x-\theta}{2}$ et l'on peut appliquer à cette fonction la formule précédente, ce qui donne

$$\lim_{n=\infty} \int_{\alpha}^{2\pi+\alpha} \frac{f(\theta)}{x-\theta} \sin n(x-\theta)\, d\theta = \frac{\pi}{2} [f(x+0)+f(x-0)].$$

Jusqu'ici nous avons supposé que $f(\theta)$ était de période 2π et alors le choix de α importait peu; si $f(\theta)$ n'a pas la période 2π il faut prendre α de telle manière que x soit intérieur à $(\alpha, 2\pi+\alpha)$. Pour rendre fixes les limites de notre intégrale remarquons que, si $|f(\theta)|$ existe et a une intégrale dans $(-\infty, +\infty)$ (¹), on a

$$\left| \int_{2\pi+\alpha}^{+\infty} \frac{f(\theta)}{x-\theta} \sin n(x-\theta)\, d\theta \right|$$
$$\leq \left| \int_{2\pi+\alpha}^{\beta} \frac{f(\theta)}{x-\theta} \sin n(x-\theta)\, d\theta \right| + \frac{1}{\beta - x} \int_{\beta}^{\infty} |f(\theta)|\, d\theta;$$

pour $\beta > 2\pi + \alpha$ la première intégrale du second membre tend

(¹) L'intégrale dans un intervalle infini se définit comme dans un intervalle fini, de sorte que f n'a une intégrale que si $|f|$ en a une.

vers zéro quand n croît, car x est extérieur à $(2\pi+\alpha, \beta)$; d'autre part on peut prendre β assez grand pour que la seconde intégrale du second membre soit aussi petite que l'on veut; donc l'intégrale du premier membre tend vers zéro quand n croît.

On peut raisonner de même pour l'intégrale étendue de $-\infty$ à α; cela nous donne le résultat suivant :

Si $f(\theta)$ *est à variation bornée dans* $(-\infty, +\infty)$ *et si* $\int_{-\infty}^{+\infty} |f(\theta)|\, d\theta$ *a un sens, on a, en tout point régulier,*

$$\lim_{n=\infty} \int_{-\infty}^{+\infty} \frac{f(\theta)}{x-\theta} \sin n(x-\theta)\, d\theta = \frac{\pi}{2}[f(x+0)+f(x-0)].$$

Cette formule est connue sous le nom de *formule de Fourier*. Il serait facile, bien entendu, de la démontrer dans des cas plus généraux et de la démontrer directement; il serait facile aussi d'étudier la convergence uniforme, quand n croît, de l'*intégrale de Fourier* qui figure au premier membre de la formule.

Fourier a obtenu sa formule sous une autre forme qu'il est intéressant de connaître; je ne la démontrerai que dans le cas très simple où $\int_{-\infty}^{+\infty} |f(\theta)|\, d\theta$ *a un sens et où il n'existe qu'un nombre fini de points en lesquels* $f(\theta)$ *cesse de croître pour décroître, ou inversement;* on supposera de plus comme plus haut que f n'a que des points réguliers.

Remarquons que l'on a

$$\frac{\sin n(x-\theta)}{x-\theta} = \int_0^n \cos\nu(x-\theta)\, d\nu,$$

de sorte qu'on peut écrire l'intégrale de Fourier F_n sous la forme

$$F_n = \int_{-\infty}^{+\infty} \int_0^n f(\theta) \cos\nu(x-\theta)\, d\nu\, d\theta$$
$$= \lim_{a=\infty} \int_0^n \int_{-a}^{+a} f(\theta) \cos\nu(x-\theta)\, d\theta\, d\nu.$$

Donnons à ν une valeur quelconque, l'intégrale

$$\int_{-a}^{+a} f(\theta) \cos\nu(x-\theta)\, d\theta$$

a une limite pour $a = \infty$ qui est $\int_{-\infty}^{+\infty} f(\theta)\cos\nu(x-\theta)\,d\theta$ et la différence entre l'intégrale et sa limite est bornée, quels que soient a et ν; nous sommes donc dans un cas (n° **12**) où l'on a

$$F_n = \lim_{a=\infty} \int_0^n \int_{-a}^{+a} f(\theta)\cos\nu(x-\theta)\,d\theta\,d\nu$$
$$= \int_0^n \int_{-\infty}^{+\infty} f(\theta)\cos\nu(x-\theta)\,d\theta\,d\nu.$$

Remplaçons maintenant la variable discontinue n, par une variable continue qu'on notera $n+z$, $(z < 1)$; on a

$$F_{n+z} - F_n = \int_0^z \int_{-\infty}^{+\infty} f(\theta)\cos(n+\nu)(x-\theta)\,d\theta\,d\nu.$$

Partageons l'intégrale de $-\infty$ à $+\infty$, qui figure dans cette formule, en des intégrales prises respectivement de $-\infty$ à $-a$, de $-a$ à $+a$, de a à $+\infty$. On peut faire en sorte que la première et la troisième aient une somme inférieure à P en valeur absolue. Quant à l'intégrale de $-a$ à $+a$, elle est de l'ordre de $\frac{M}{n+\nu}$, M étant fixe (n° **27**). Donc, puisque z est inférieur à 1,

$$|F_{n+z} - F_n| < Pz + M\,\mathcal{L}\left(1+\frac{z}{n}\right) < P + M\,\mathcal{L}\left(1+\frac{1}{n}\right);$$

P peut être pris à volonté, M est indépendant de a, donc F_{n+z} et F_n ont la même limite. Par suite : *dans les conditions indiquées on a, μ étant positif quelconque,*

$$\frac{\pi}{2}[f(x+0)+f(x-0)] = \lim_{\mu=\infty} \int_0^\mu \int_{-\infty}^{+\infty} f(\theta)\cos\nu(x-\theta)\,d\theta\,d\nu \quad (^1).$$

---

(1) On écrit généralement le second membre sous la forme

$$\int_0^\infty \int_{-\infty}^{+\infty} f(\theta)\cos\nu(x-\theta)\,d\theta\,d\nu,$$

mais, avec les conventions adoptées ici, du fait que $\int_0^k \varphi(\nu)\,d\nu$ a une limite

42. *Formules sommatoires.* — On a vu que l'intégrale

$$I_n = \int \frac{\sin(2n+1)\frac{x-\theta}{2}}{2\sin\frac{x-\theta}{2}} f(\theta)\,d\theta$$

avait, pour $n = \infty$, une limite indépendante de l'intervalle auquel on l'étend, pourvu cependant que cet intervalle et la fonction $f(\theta)$ satisfassent à certaines conditions. Dans ce qui suit, on va supposer, ce qui sera bien suffisamment général, $f(\theta)$ à variation bornée, mais on ne supposera plus $f(\theta)$ périodique. Quelle est la limite de I_n, si on étend cette intégrale à l'intervalle (A, B)?

Tout d'abord on peut toujours supposer $B - A$ multiple de 2π, car, si cela n'était pas, et si $B_1 - A$ était un multiple de 2π, B_1 étant supérieur à B, on pourrait étendre I_n de A à B_1, à condition de faire $f(\theta) = 0$ dans (B, B_1). Ceci posé, partageons (A, B) en $(A, A+2\pi)$, $(A+2\pi, A+4\pi)$, ... et appliquons à chacun de ces intervalles les résultats trouvés, nous obtenons

$$\lim \frac{I_n}{\pi} = f(x_1) + f(x_2) + \ldots + \frac{1}{2}[\alpha f(A) + \beta f(B)],$$

x_1, x_2, ... étant les valeurs congrues à x suivant le module 2π et intérieures à (A, B), α (ou β) étant égal à 1 ou 0 suivant que A (ou B) est ou non congru à x suivant le module 2π. Si l'on remarque que $\frac{1}{\pi} I_n$ est la somme des n premiers termes d'une série analogue à la série de Fourier, on a, en désignant par S la somme figurant au second membre de la formule précédente,

$$S = \frac{1}{2\pi}\int_A^B f(\theta) + \frac{1}{\pi}\sum_{p=1}^{\infty}\int_A^B f(\theta)\cos p(x-\theta)\,d\theta.$$

Appliquons cette formule au cas où $A = 0$, $B = 2n\pi$, puis faisons

---

quand μ croît, on n'a pas le droit de conclure à l'existence de l'intégrale $\int_0^\infty \varphi(\nu)\,d\nu$.

Bien entendu, cette remarque n'est pas une critique adressée aux Ouvrages classiques; elle a seulement pour but d'éviter les erreurs qui pourraient résulter de confusions entre des conventions différentes.

le changement de variable qui remplace $\frac{\theta}{2\pi}$ par $\frac{t-a}{\omega}$, nous aurons, pour $x=a$,

$$\frac{1}{2}f(a)+f(a+\omega)+f(a+2\omega)+\ldots$$
$$+f(a+\overline{n-1}\,\omega)+\frac{1}{2}f(a+n\omega)=\mathrm{S},$$

$$\mathrm{S}=\frac{1}{\omega}\int_a^b f(t)\,dt+\frac{2}{\omega}\sum_{p=1}^{\infty}\int_a^b f(t)\cos\frac{2p\pi(t-a)}{\omega}\,dt;$$

c'est la formule sommatoire de Poisson.

Cette formule est employée au calcul de S ou au calcul de l'erreur commise en prenant ωS pour valeur approchée de l'intégrale $\int_a^b f(t)\,dt$; aussi est-il utile de pouvoir apprécier l'ordre de grandeur des termes de la série du second membre. Ces termes sont analogues à ceux d'une série de Fourier, on aura leur ordre de grandeur par les procédés indiqués précédemment (nº **27**).

Admettons, en particulier, que f ait des dérivées continues, au moins jusqu'à l'ordre $2m$; alors chaque terme pourra être transformé par des intégrations par parties successives et l'on utilisera des égalités telles que la suivante :

$$\int_a^b f(t)\cos 2p\pi\frac{(t-a)}{\omega}\,dt$$
$$=2\left(\frac{\omega}{2\pi}\right)^2[f'(b)-f'(a)]\frac{1}{p^2}-2\left(\frac{\omega}{2\pi}\right)^4[f'''(b)-f'''(a)]\frac{1}{p^4}+\ldots$$
$$+(-1)^{m-1}2\left(\frac{\omega}{2\pi}\right)^{2m}[f^{(2m-1)}(b)-f^{(2m-1)}(a)]\frac{1}{p^{2m}}$$
$$+(-1)^m 2\left(\frac{\omega}{2\pi}\right)^{2m}\frac{1}{p^{2m}}\int_a^b f^{(2m)}(t)\cos 2p\pi\frac{t-a}{\omega}\,dt.$$

En posant

$$\mathrm{Y}_{2\alpha}=\frac{2}{(2\pi)^{2\alpha}}\left(1+\frac{1}{2^{2\alpha}}+\frac{1}{3^{2\alpha}}+\ldots\right)=\frac{1}{(2\alpha)!}\mathrm{B}_\alpha,$$

où B_α est le $\alpha^{\text{ième}}$ nombre de Bernoulli, nous trouvons

$$\mathrm{S}-\frac{1}{\omega}\int_a^b f(t)\,dt$$
$$=\mathrm{Y}_2[f'(b)-f'(a)]\omega^2-\mathrm{Y}_4[f'''(b)-f'''(a)]\omega^4+\ldots$$
$$+(-1)^{m-1}\mathrm{Y}_{2m}[f^{(2m-1)}(b)-f^{(2m-1)}a]\,\omega^{2m}+(-1)^m\mathrm{R}_m,$$

et

$$R_m = \omega^{2m} \sum_{p=1}^{\infty} \frac{2}{(2\pi)^{2m}} \frac{1}{p^{2m}} \int_a^b f^{2m}(t) \cos 2p\pi \frac{t-a}{\omega} dt.$$

C'est la formule sommatoire d'Euler et Maclaurin.

Pour l'appliquer, il est bon de remarquer que l'on a

$$|R_m| < Y_{2m} \omega^{2m} \int_a^b |f^{2m}(t)| dt,$$

de sorte que, quand $f^{(2m)}$ a un signe constant, le reste R_m est au plus égal, en valeur absolue, au dernier terme régulier conservé.

La formule d'Euler et Maclaurin s'applique facilement dans deux cas : quand f est indéfiniment dérivable et que R_m tend vers zéro quand m croît, alors la formule conduit au calcul d'une série convergente; quand cette série existe, mais est divergente, elle peut encore servir au calcul si ses termes commencent à décroître pour croître ensuite, car on obtient alors une valeur approchée de la quantité à calculer en prenant la somme de tous les termes jusqu'au plus petit. Ce procédé, qui n'est légitimé ici que si la dérivée $f^{(2m)}$ correspondant au reste négligé est de signe constant, est employé, comme l'on sait, pour beaucoup de séries divergentes, la série de Stirling par exemple.

L'emploi de la formule sommatoire d'Euler et Maclaurin suppose que l'on a calculé les $Y_{2\alpha}$ et les B_α; ce calcul peut se faire à l'aide de la formule même. Si l'on y fait $f(\theta) = \theta^{2m}$, $a = 0$, $b = 1$, $\omega = 1$, on aura une formule de récurrence entre les m premiers nombres Y_{2m}. De cette formule on déduira facilement que les Y et les B sont rationnels.

43. *Sommes de Gauss.* — Dirichlet a fait connaître un procédé de calcul des sommes de Gauss, $\sum_{s=0}^{s=n-1} \cos \frac{2\pi s^2}{n}$, $\sum_{s=0}^{s=n-1} \sin \frac{2\pi s^2}{n}$, qui utilise la formule de Poisson (*Journal de Crelle*, t. 18 et 21).

Les sommes à calculer constituent la partie réelle et le coefficient de i dans l'expression

$$S = \frac{1}{2} f(0) + f(2\pi) + f(4\pi) + \ldots + f(\overline{2n-2}\pi) + \frac{1}{2} f(2n\pi),$$

où l'on a pris $f(\theta) = e^{\frac{i\theta^2}{2n\pi}}$. La formule de Poisson s'applique à cette fonction f, parce qu'elle s'applique à sa partie réelle et à sa partie imaginaire; cette formule donne

$$2\pi S = \int_0^{2n\pi} e^{\frac{it^2}{2n\pi}} dt + 2\sum_{p=1}^{\infty} \int_0^{2n\pi} e^{\frac{it^2}{2n\pi}} \cos pt\, dt.$$

Supposons d'abord n multiple de 4, auquel cas $e^{\frac{ip^2 n\pi}{2}} = 1$, ce qui permet d'écrire

$$\begin{aligned}
2\int_0^{2n\pi} e^{\frac{it^2}{2n\pi}} \cos pt\, dt &= \int_0^{2n\pi} e^{\frac{it^2}{2n\pi}} (e^{ipt} + e^{-ipt})\, dt \\
&= \int_0^{2n\pi} e^{\frac{i}{2n\pi}(t+pn\pi)^2} dt + \int_0^{2n\pi} e^{\frac{i}{2n\pi}(t-pn\pi)^2} dt \\
&= \int_{pn\pi}^{(p+2)n\pi} e^{\frac{i}{2n\pi}\theta^2} d\theta + \int_{-pn\pi}^{(-p+2)n\pi} e^{\frac{i}{2n\pi}\theta^2} d\theta.
\end{aligned}$$

La somme S_p des $p+1$ premiers termes de la formule de Poisson peut donc s'écrire

$$S_p = \int_{-pn\pi}^{(p+2)n\pi} e^{\frac{i\theta^2}{2n\pi}} d\theta + \int_{-(p+1)n\pi}^{(p+1)n\pi} e^{\frac{i\theta^2}{2n\pi}} d\theta.$$

Or, en posant $\frac{\theta^2}{2n\pi} = t$, on a

$$\int_{-h}^{+k} e^{\frac{i\theta^2}{2n\pi}} d\theta = \frac{\sqrt{2n\pi}}{2}\left(\int_0^{\frac{h^2}{2n\pi}} \frac{e^{it}}{\sqrt{t}} dt + \int_0^{\frac{k^2}{2n\pi}} \frac{e^{it}}{\sqrt{t}} dt\right);$$

si donc on pose

$$\lim_{A=\infty} \int_0^A \frac{e^{it}}{\sqrt{t}} dt = \alpha \quad (^1),$$

---

(1) Pour démontrer l'existence de la limite, il suffit de démontrer l'existence de limites pour $\int_0^A \frac{\cos t}{\sqrt{t}} dt$ et $\int_0^A \frac{\sin t}{\sqrt{t}} dt$; si l'on s'occupe, par exemple, de la seconde intégrale, on vérifiera facilement que la série

$$\int_0^{\pi} \frac{\sin t}{\sqrt{t}} dt + \int_{\pi}^{2\pi} \frac{\sin t}{\sqrt{t}} dt + \int_{2\pi}^{3\pi} \frac{\sin t}{\sqrt{t}} dt + \ldots$$

est à termes alternés, indéfiniment et constamment décroissants en valeur absolue.

on a

$$2\pi S = \lim S_p = 2\alpha\sqrt{2n\pi}, \qquad S = \sqrt{\frac{2n}{\pi}}\,\alpha.$$

Pour $n=4$, par un calcul direct on a $S=2(1+i)$; d'où α, puis la formule générale qui donne S,

$$2(1+i) = \sqrt{\frac{8}{\pi}}\,\alpha, \qquad \alpha = (1+i)\sqrt{\frac{\pi}{2}}, \qquad S = \sqrt{n}(1+i).$$

Pour passer au cas où n n'est pas multiple de 4, posons avec Dirichlet

$$\varphi(m, n) = \sum_{s=0}^{s=n-1} e^{i\frac{2\pi m s^2}{n}},$$

m et n entiers, n positif. Remarquons que l'on a

1° $$\varphi(m', n) = \varphi(m, n) \quad \text{si} \quad m' \equiv m \pmod{n}.$$

On a encore, si c est premier avec n,

2° $$\varphi(m, n) = \varphi(c^2 m, n):$$

en effet, les restes des divisions $\frac{cs}{n}$ $(s = 0, 1, \ldots, n-1)$ étant tous différents, sont égaux à $0, 1, \ldots, n-1$. Les termes qui composent les deux membres sont donc les mêmes, à l'ordre près.

Enfin, si m et n sont positifs et premiers entre eux, on a

3° $$\varphi(m, n)\varphi(n, m) = \varphi(1, mn):$$

en effet, le premier membre est égal à

$$\sum_{s=0,\ t=0}^{s=n-1,\ t=m-1} e^{(m^2 s^2 + n^2 t^2)\frac{2\pi i}{mn}} = \sum_{s=0,\ t=0}^{s=n-1,\ t=m-1} e^{(ms+nt)^2\frac{2\pi i}{mn}},$$

et les restes de $\frac{(ms+nt)^2}{mn}$ sont égaux à $0, 1, \ldots, mn-1$.

Ceci posé, on a, pour $n \equiv 0 \pmod 4$,

$$\varphi(1, n) = \sqrt{n}(1+i).$$

Soit $n \equiv \pm 1 \pmod 4$, on a, d'après 3°,

$$\varphi(4, n)\varphi(n, 4) = \varphi(1, 4n) = 2(1+i)\sqrt{n}.$$

D'après 2°, on a

$$\varphi(4, n) = \varphi(1, n),$$

puis, d'après 1°,

$$\varphi(n, 4) = \varphi(1, 4) \qquad \text{ou} \qquad \varphi(3, 4),$$

suivant que n est congru (mod 4) à $+1$ ou à -1; $\varphi(1, 4)$ et $\varphi(3, 4)$ se calculent directement, on trouve

$$\varphi(n, 4) = 2(1+i) \qquad \text{ou} \qquad 2(1-i)$$

et

$$\varphi(1, n) = \sqrt{n} \qquad \text{ou} \qquad i\sqrt{n}.$$

Supposons enfin n pair et $\frac{n}{2}$ impair, d'après 3°,

$$\varphi\left(2, \frac{n}{2}\right)\varphi\left(\frac{n}{2}, 2\right) = \varphi(1, n);$$

d'après 1°

$$\varphi\left(\frac{n}{2}, 2\right) = \varphi(1, 2) = 0, \qquad \varphi(1, n) = 0.$$

La formule

$$\sum_{s=0}^{s=n-1} \cos\frac{2\pi}{n}s^2 - i\sum_{s=0}^{s=n-1} \sin\frac{2\pi}{n}s^2 = \frac{1+i^n}{1+i}\sqrt{n}$$

résume les résultats obtenus qui ont été donnés par Gauss comme conséquence de ses recherches sur les équations de division du cercle (*Disquisitiones Arithmeticæ*, n° 356). Toutefois, il subsistait une indétermination relativement au signe du radical; Gauss a levé cette indétermination de diverses manières et, en particulier, par l'emploi de formules d'interpolation trigonométrique.

CHAPITRE IV.

SÉRIES DE FOURIER QUELCONQUES.

I. — Existence de séries de Fourier divergentes.

44. *Exemple de fonction continue dont la série de Fourier ne converge pas partout.* — Paul du Bois-Reymond réussit le premier à construire des fonctions continues dont la série de Fourier ne converge pas partout ([1]).

L'étude du très remarquable Mémoire de Paul du Bois-Reymond doit être recommandée à tous ceux qui veulent approfondir les questions relatives à la convergence et à la divergence des séries de Fourier. Du Bois-Reymond y introduit une notion que nous n'avons pas eu l'occasion d'utiliser : *la notion de type d'infinitude d'une fonction $f(t)$ qui croît indéfiniment avec t* ([2]).

Pour les fonctions continues qu'étudie du Bois-Reymond, fonctions toutes spéciales et formées par un procédé très particulier il est vrai, c'est par la comparaison de types d'infinitudes qu'on peut décider de la convergence ou de la divergence. Il y a là un fait dont devront sans doute tenir compte ceux qui voudraient essayer d'obtenir des conditions de divergence des séries de Fourier.

Je ne donnerai pas ici les fonctions à séries de Fourier divergentes construites par P. du Bois-Reymond ; leur définition et leur étude sont assez compliquées. De l'exemple général de du Bois-Reymond, M. Schwarz a déduit un exemple plus particulier et plus

([1]) *Untersuchungen über die Convergenz und Divergenz der Fourierschen Darstellungsformeln* (*Abhandlungen der Bayer. Akad., Math. phys. Classe*, t. XII, 1876).

([2]) Au sujet de cette notion, *voir* la Note II des *Leçons sur la théorie des fonctions* de M. Borel et les *Leçons sur les séries à termes positifs* du même auteur.

simple qu'il a fait connaître dans ses Cours et qu'on trouvera dans la Notice de M. Arnold Sachse déjà citée (n° 15).

Voici un exemple un peu plus simple que celui de M. Schwarz duquel d'ailleurs il diffère peu.

Soient c_1, c_2 ... des nombres tendant vers zéro; soient n_0, n_1, n_2, ... des entiers impairs croissant indéfiniment, posons

$$a(k) = n_0 n_1 n_2 n_3 \ldots n_k,$$

et désignons par I_k l'intervalle $\left[\frac{\pi}{a(k-1)}, \frac{\pi}{a(k)}\right]\cdot$ Définissons une fonction continue par la condition que l'on ait $f(x)=f(-x)$ et, dans I_k, en conservant les relations des n°s 33 et suivants,

$$\varphi(t) = c_k \sin[a(k)t]\frac{\sin t}{t}\cdot$$

$f(x)$ est ainsi entièrement déterminée pour x assez petit, on la définira ailleurs par la condition qu'elle soit partout continue et de période 2π. Pour cette fonction, on a

$$\begin{aligned}\pi S_n &= \int_0^{\frac{\pi}{2}} \frac{\varphi(t)\sin(2n+1)t}{\sin t}\,dt \\ &= \varepsilon_n + \sum_{k=1}^{k=\infty} c_k \int_{I_k} \frac{\sin(2n+1)t\sin[a(k)t]}{t}\,dt,\end{aligned}$$

ε_n tendant vers zéro avec $\frac{1}{n}\cdot$ Faisons $n = \frac{a(k)-1}{2} = \nu_k$,

$$\begin{aligned}\pi S_{\nu_k} = \varepsilon_{\nu_k} &+ \int_0^{\frac{\pi}{a(k)}} \frac{\varphi(t)\sin[a(k)t]}{\sin t}\,dt \\ &+ \sum_{p=1}^{p=k} c_p \int_{I_p} \frac{\sin[a(k)t]\sin[a(p)t]}{t}\,dt.\end{aligned}$$

La première intégrale tend vers zéro quand k croît, c'est le résultat d'un calcul déjà fait; étudions les autres. Pour $p \neq k$, on a

$$\left| c_p \int_{I_p} \frac{\sin[a(k)t]\sin[a(p)t]}{t}\,dt \right| \leq |c_p| \int_{I_p} \frac{dt}{t} = |c_p| \,\mathcal{L}\, n_p.$$

Pour $p = k$, on a

$$c_k \int_{\mathrm{I}_k} \frac{\sin^2[a(k)t]}{t}\,dt = \frac{1}{2} c_k \mathcal{L} n_k - \frac{1}{2} \int_{\mathrm{I}_k} \frac{\cos[2a(k)t]}{t}\,dt;$$

$$\left| \int_{\mathrm{I}_k} \frac{\cos[2a(k)t]}{t}\,dt \right| \leqq \frac{a(k)}{\pi} \frac{1}{a(k)},$$

d'après l'inégalité du nº 25.

Donc, on a, η_k n'augmentant pas indéfiniment avec k,

$$\pi\,|\,\mathrm{S}_{\nu_k}| \geqq \frac{1}{2}\,|\,c_k\,|\,\mathcal{L}\,n_k - \sum_{p=1}^{p=k-1} |\,c_p\,|\,\mathcal{L}\,n_p + \eta_k.$$

Si donc on fait en sorte que

$$\frac{1}{2}\,|\,c_k\,|\,\mathcal{L}\,n_k - \sum_{p=1}^{p=k-1} |\,c_p\,|\,\mathcal{L}\,n_p$$

augmente indéfiniment avec k, la série de Fourier de f sera divergente pour $t = 0$. Or cette condition est facile à réaliser; on pourra prendre, par exemple,

$$|\,c_k\,|\,\mathcal{L}\,n_k = 4^k \mathrm{P}, \qquad c_k = \frac{1}{4^k}, \qquad \text{d'où} \qquad n_k = (e^{\mathrm{P}})^{8k}.$$

Pour $\mathrm{P} = \mathcal{L}\,3$, $n_k = 3^{8k}$ sera bien impair.

45. *Remarques sur la convergence des séries de Fourier.* — On peut rattacher l'existence de séries de Fourier divergentes a une remarque immédiate qu'on peut énoncer ainsi :

La limite supérieure $\mathrm{M}\rho(n)$ *de la valeur absolue des* $(n+1)^{\text{ièmes}}$ *sommes* S_n *des séries de Fourier des fonctions* $f(x)$, *telles que l'on ait constamment* $|f| \leqq \mathrm{M}$, *croît indéfiniment avec* n.

On a en effet

$$|\,\mathrm{S}_n\,| = \frac{1}{\pi} \left| \int_0^{\pi} \frac{\sin(2n+1)t}{\sin t} f(x+2t)\,dt \right|$$

$$\leqq \frac{\mathrm{M}}{\pi} \int_0^{\pi} \left| \frac{\sin(2n+1)t}{\sin t} \right| dt = \mathrm{M}\rho(n);$$

cette limite $M\rho(n)$ est atteinte quand $f(x+2t)$ est la fonction discontinue f_1 égale à $\pm M$ et de même signe que $\frac{\sin(2n+1)t}{\sin t}$. Il résulte de là qu'on peut s'approcher autant qu'on le veut de cette limite en prenant pour f des fonctions continues comprises entre $\pm M$ et tendant vers f_1 (n° **12**); on peut d'ailleurs supposer que ces fonctions f sont à variation bornée et sont des fonctions paires comme f_1, c'est-à-dire telles que $f(x+t)=f(x-t)$. Reste à étudier $\rho(n)$.

Considérons les intervalles dans lesquels $|\sin(2n+1)t|$ surpasse $\frac{1}{2}$. $\left[\pi\frac{6p+1}{6(2n+1)}, \pi\frac{6p+5}{6(2n+1)}\right]$ est un tel intervalle; sa contribution dans ρ_n est supérieure à

$$\frac{1}{\pi}\int_{\pi\frac{6p+1}{6(2n+1)}}^{\pi\frac{6p+5}{6(2n+1)}} \frac{1}{2}\cdot\frac{1}{t}\,dt = \frac{1}{2\pi}\,\mathcal{L}\frac{6p+5}{6p+1} = \frac{1}{2\pi}\,\mathcal{L}\left(1+\frac{4}{6p+1}\right).$$

ρ_n est donc supérieure à la somme des $2n+1$ premiers termes de la série dont le terme général est

$$u_p = \frac{1}{2\pi}\,\mathcal{L}\left(1+\frac{4}{6p+1}\right).$$

Or cette série est divergente, car $p\,u_p$ tend vers la limite $\frac{1}{3\pi}$ quand p croît, donc ρ_n croît indéfiniment avec n.

A cette remarque j'en ajoute une autre qui ne diffère d'ailleurs pas du premier théorème du n° **34**.

Si l'on a constamment $|f|\leqq M$ *et si, dans* (x_0-h, x_0+h), *on a* $f=0$, *on peut tracer pour* $|S_n(x_0)|$ *une limite supérieure de la forme* $MR(h)$.

En effet, dans ces conditions, on a

$$|S_n(x_0)| = \frac{1}{\pi}\int_{\frac{h}{2}}^{\frac{\pi}{2}} \frac{\sin(2n+1)t}{\sin t}\,\varphi(t)\,dt \leqq \frac{2M}{\pi}\int_{\frac{h}{2}}^{\frac{\pi}{2}} \frac{dt}{\sin t} = MR(h).$$

46. *Autre exemple de série de Fourier divergente.* — Je pose

$$\begin{aligned} f(x) &= \varepsilon_1 f_1(n_1 x) + \varepsilon_2 f_2(n_2 x) + \varepsilon_3 f_3(n_3 x) + \ldots \\ &= F_p(x) + \varepsilon_{p+1} f_{p+1}(n_{p+1} x) + \ldots; \end{aligned}$$

dans cette expression les ε_i sont positifs et la série $\sum \varepsilon_i$ est convergente et de somme inférieure à 1, les fonctions f_i sont des fonctions de période 2π, continues, paires, à variation bornée et inférieures à 1 en valeur absolue. De plus, l'une au moins des sommes de la série de Fourier de $\varepsilon_i f_i(t)$ doit, pour $t=0$, surpasser $i+1$ quand on la prend en valeur absolue; soit p_i l'indice d'une telle somme. Quant à n_i, c'est le plus petit des indices des sommes de la série de Fourier uniformément convergente de F_{i-1}, à partir duquel ces sommes, prises en valeur absolue, ne surpassent pas 1.

Dans ces conditions, il est évident que f est continue et de période 2π et que, pour $x=0$, la somme d'indice $n_i p_i$ de la série de Fourier de f, qui est égale à la somme correspondante de F_i, a une valeur absolue supérieure à i. La série de Fourier de f diverge pour $x=0$.

47. *Existence de fonctions continues représentables par leurs séries de Fourier non uniformément convergentes.* — Considérons des valeurs $a_0=\pi$, a_1, a_2, ... positives, décroissantes et tendant vers zéro. I_p désignera l'intervalle (a_{2p}, a_{2p-1}), x_p sera son milieu, $2h_p$ sa longueur. $f_p(x)$ sera une fonction de période 2π, continue, à variation bornée, et telle que l'on ait $|pf_p|<1$. De plus, en x_p, l'une des sommes, prise en valeur absolue, de la série de Fourier de f_p surpassera $p+R(h_p)$ (n° 45); soit μ_p l'indice d'une telle somme. Alors, si $f(x)$ est une fonction impaire, continue, de période 2π, à variation bornée sauf autour de $x=0$, et, quel que soit p, égale à f_p dans I_p, sa série de Fourier converge partout, même à l'origine puisque cette série ne contient que des sinus. Cependant cette série n'est pas uniformément convergente autour de $x=0$, puisqu'en x_p la somme d'indice μ_p de cette série surpasse p quand on la prend en valeur absolue, d'après le second énoncé du n° 45 [1].

Nous venons de construire des fonctions présentant une certaine singularité à l'origine; à l'aide de séries construites à partir

---

[1] Les raisonnements qui précèdent peuvent être utilisés pour l'étude de développements plus généraux que les séries de Fourier (*voir* H. Lebesgue, *Comptes rendus*, 17 novembre 1905).

de ces fonctions nous pourrions obtenir de nouvelles fonctions pour lesquelles la singularité considérée se présenterait pour tous les points de certains ensembles. Mais il paraît plus difficile de savoir si l'on peut faire en sorte que la singularité considérée se présente partout, c'est-à-dire de répondre à ces questions : Existe-t-il des fonctions continues dont la série de Fourier est divergente partout? Existe-t-il des fonctions continues dont la série de Fourier est partout convergente, sans être uniformément convergente dans aucun intervalle (¹)?

Je signale une autre question analogue : on a vu qu'il existait des fonctions sommables, non intégrables au sens de Riemann dans $(0, 2\pi)$ et qui sont représentables partout par leurs séries de Fourier convergentes; existe-t-il de telles fonctions qui ne soient intégrables au sens de Riemann dans aucun intervalle?

II. — Sommation des séries de Fourier divergentes.

48. *Procédé de Poisson.* — A l'époque de Poisson, contemporain de Fourier, la convergence des séries de Fourier n'était pas démontrée; de plus, on ne distinguait pas encore soigneusement les séries de Fourier des autres séries trigonométriques et il arrivait fréquemment qu'un calcul analytique conduisait à une série trigonométrique divergente. C'est ainsi que, si l'on dérive terme à terme l'égalité

$$\frac{\pi - x}{2} = \sum \frac{\sin nx}{n} \qquad (0 < x < 2\pi),$$

on obtient l'égalité toute formelle

$$-\frac{1}{2} = \sum \cos nx,$$

dans laquelle le second membre est une série divergente (nº **21**).

(¹) Dans une Note des *Comptes rendus* (29 décembre 1902) M. Stekloff a indiqué que la réponse à la première de ces questions était, pour lui, négative. La démonstration de cette propriété n'a pas encore été publiée et les renseignements que contient la Note citée sont insuffisants, à ce qu'il me semble, pour permettre la reconstitution de cette démonstration.

De sorte que, ou bien il fallait renoncer à l'emploi de ces séries divergentes simples bien qu'elles n'aient jamais trompé dans les cas où on les avait employées : c'est le parti qu'on a pris généralement à la suite de Cauchy et d'Abel; ou bien il fallait adopter un procédé de sommation des séries autre que le procédé ordinaire : c'est le parti que prit Poisson.

Pour sommer la série

$$\frac{1}{2}a_0 + \sum (a_n \cos nx + b_n \sin nx),$$

Poisson considère la fonction

$$f(r, x) = \frac{1}{2}a_0 + \sum r^n (a_n \cos nx + b_n \sin nx),$$

qui existe, pour $r < 1$, dans tous les cas qu'il considère, et il convient que la somme de la série pour $x = x_0$ sera, par définition,

$$f(x_0) = \lim_{r=1} f(r, x_0) \quad (^1).$$

S'il s'agit d'une série de Fourier, $f(r, x)$ existera toujours pour $r < 1$. Les considérations du Chapitre II montrent que le procédé de Poisson permet de remonter de la série de Fourier à la fonction correspondante, en tous les points réguliers de cette fonction, s'il s'agit d'une fonction bornée n'ayant qu'un nombre fini de discontinuités (n° 31). M. Schwarz, auquel est due la démonstration rigoureuse de ce résultat, l'a étendu à des cas plus généraux.

49. *Procédé de Riemann.* — Admettons une propriété qui va être bientôt démontrée (n° 53) : toute série de Fourier est intégrable terme à terme. L'intégrale $F(x) = \int_0^x f(x)\,dx$ de la fonction sommable $f(x)$ sera donc égale à

$$F(x) = \frac{1}{2}a_0 x + \sum \frac{1}{n}[a_n \sin nx - b_n(\cos nx - 1)],$$

les a_n et b_n étant les coefficients de la série de Fourier de f.

---

(1) *Journal de l'École Polytechnique*, 18e Cahier.

Or, quand on connaît $F(x)$, on en déduit $f(x)$, en tout point où f est la dérivée de F, c'est-à-dire en tous les points sauf en ceux d'un ensemble de mesure nulle (n° 11), par l'emploi de formules telles que

$$f(x) = \lim_{h=0} \frac{F(x+h) - F(x)}{h}, \qquad f(x) = \lim_{h=0} \frac{F(x+h) - F(x-h)}{2h}.$$

L'emploi de la seconde formule est préférable, parce qu'elle permet de calculer f en tous ses points réguliers. Avec cette formule, on a

$$f(x) = \lim_{h=0} \left[\frac{1}{2} a_0 + \sum \frac{\sin nh}{nh} (a_n \cos nx + b_n \sin nx) \right] = \lim_{h=0} \rho_h,$$

en tous les points où notre procédé de sommation s'applique. Précisons quels sont ces points : ce sont d'abord ceux déjà nommés pour lesquels f est la dérivée de F; mais ce sont aussi les points x tels que la fonction de h, $f(x+h) + f(x-h) - 2f(x)$, qui est nulle pour h nul, soit la dérivée de son intégrale indéfinie. Si l'on se rappelle que cette fonction a été désignée par $\varphi\left(\frac{h}{2}\right)$, on pourra conclure que *le procédé de sommation qui vient d'être indiqué peut être appliqué en tous les points tels que l'intégrale indéfinie de $\varphi(t)$ a une dérivée nulle pour $t = 0$, et en particulier pour tous les points réguliers de la fonction f et en tous ceux où f est la dérivée de son intégrale indéfinie.*

La série

$$\rho_1(x) + \left[\rho_{\frac{1}{2}}(x) - \rho_1(x)\right] + \left[\rho_{\frac{1}{3}}(x) - \rho_{\frac{1}{2}}(x)\right] + \ldots$$

fournit donc une représentation analytique de la fonction $f(x)$ valable partout, sauf pour un ensemble de valeurs de x de mesure nulle. Comme on peut écrire cette représentation dès que l'on connaît la série de Fourier de f, il en résulte qu'*une fonction est déterminée, sauf pour un ensemble de valeurs de mesure nulle, par sa série de Fourier* (n° 24).

La série qui représente $F(x)$ est uniformément convergente (n° 53), donc on a, si $\mathfrak{F}(x)$ est l'intégrale de $F(x)$ étendue de o à x,

$$\mathfrak{F}(x) = \frac{1}{4} a_0 x^2 + \sum \left[-\frac{1}{n^2} (a_n \cos nx + b_n \sin nx) + \frac{a_n}{n^2} + \frac{b_n}{n} x \right].$$

Or (n° 6) $f(x)$ est la limite, pour $h = 0$, de

$$\frac{\mathfrak{F}(x+h)+\mathfrak{F}(x-h)-2\mathfrak{F}(x)}{h^2} = \mathfrak{R}_h(x)$$

en tous les points où s'applique le procédé de sommation; donc nous pouvons remplacer dans nos énoncés ρ_h par

$$\mathfrak{R}_h(x) = \frac{1}{2}a_0 - \sum \left(\frac{\sin n\frac{h}{2}}{n\frac{h}{2}}\right)^2 (a_n \cos nx + b_n \sin nx).$$

Ce nouveau procédé de sommation est celui qu'a indiqué Riemann. A la vérité, Riemann ne se proposait pas, comme le faisait Poisson, de sommer des séries trigonométriques divergentes, mais il a démontré, comme on le fera plus loin (n° 58), que ce procédé peut remplacer le procédé de sommation ordinaire partout où celui-ci s'applique, et c'est à l'étude de ce procédé de sommation, plus simple à plusieurs égards que le procédé ordinaire, qu'il a consacré son célèbre Mémoire *Sur la possibilité de représenter une fonction par une série trigonométrique*.

Il faut observer que si f est toujours compris entre m et M il en est de même des rapports

$$\rho_h = \frac{F(x+h)-F(x-h)}{2h}, \qquad \mathfrak{R}_h = \frac{\mathfrak{F}(x+h)+\mathfrak{F}(x-h)-2\mathfrak{F}(x)}{h^2},$$

puisque F et $\mathfrak{F}$ s'obtiennent en intégrant une et deux fois la fonction f (n° 11). De plus, pour la même raison, si f est compris entre m et M dans $(a-h_0, b+h_0)$, ρ_h et $\mathfrak{R}_h$ sont encore compris entre m et M, pour $h < h_0$. *Donc ρ_h et $\mathfrak{R}_h$ sont toujours compris entre les limites inférieure et supérieure de f et ils tendent uniformément vers f dans tout intervalle (α, β) où f est continue*; car, si f est d'oscillation au plus égale à ε dans tout intervalle de longueur $2h_0$ intérieur à $(a-h_0, b+h_0)$, pour $h < h_0$ les quantités ρ_h et R_h diffèrent de f au plus de ε, dans (a, b).

50. *Procédé de M. Fejér.* — Les deux procédés du numéro précédent rentrent comme cas particulier dans les procédés généraux de sommation des séries divergentes que M. Borel puis

M. Mittag-Leffler ont employés récemment pour l'étude des séries entières. On sait que ces procédés conduisent à attribuer à la série

$$u_0 + u_1 + u_2 + \ldots$$

une somme définie ainsi : considérons la série

$$a_0(h)u_0 + a_1(h)u_1 + a_2(h)u_2 + \ldots,$$

les coefficients $a_i(h)$ tendant vers zéro quand i croît pour h différant d'une certaine valeur singulière, o par exemple, et se réduisant tous à 1 quand h a cette valeur singulière. Si les $a_i(h)$ sont convenablement choisis, cette série sera convergente. La limite, que je suppose existante, vers laquelle tend sa somme quand h tend vers la valeur singulière est, par définition, la somme de la série proposée. Bien entendu les $a_i(h)$ sont assujettis à plus de conditions que je n'en ai énoncées, le plus souvent ces coefficients sont entièrement déterminés; quant au paramètre h il est pris continu ou discontinu suivant les cas (1).

L'exemple le plus simple de ces procédés de sommation, celui qui est le plus ancien, c'est le procédé de sommation par la moyenne arithmétique, qui consiste à attribuer comme somme à la série considérée, dont les $n+1$ premiers termes ont une somme S_n, la limite pour $n = \infty$, quand elle existe, des quantités

$$\begin{aligned}\sigma_n &= \frac{S_0 + S_1 + \ldots + S_{n-1}}{n} \\ &= u_0 + u_1\left(1 - \frac{1}{n}\right) + u_2\left(1 - \frac{2}{n}\right) + \ldots + u_n\left(1 - \frac{n}{n}\right).\end{aligned}$$

Ici le paramètre h est discontinu, il est égal à $\frac{1}{n}$. Cette méthode a été employée tout d'abord à la sommation de la série

$$0 + \cos x + \cos 2x + \cos 3x + \ldots,$$

que nous avons déjà rencontrée (n° 48). Alors

$$S_n = \frac{\sin(2n+1)\frac{x}{2}}{2\sin\frac{x}{2}} - \frac{1}{2}, \qquad \sigma_n = \frac{1}{n}\left(\frac{\sin n\frac{x}{2}}{\sin\frac{x}{2}}\right)^2 - \frac{1}{2},$$

(1) Pour plus de renseignements sur ce sujet, *voir*, par exemple, les *Leçons sur les séries divergentes* de M. E. Borel.

ce qui conduit à attribuer à la série la somme $-\frac{1}{2}$, sauf pour $x \equiv 0$, cas auquel nos calculs ne s'appliquent pas (D'ALEMBERT, *Opuscules math.*, t. IV, p. 156 et suiv.).

M. Fejér a pensé à appliquer cette méthode à toutes les séries de Fourier (*Math. Ann.*, t. LVIII); alors on a

$$S_n - f = \frac{1}{\pi}\int_0^{\frac{\pi}{2}} \frac{\sin(2n+1)t}{\sin t}\varphi(t)\,dt,$$

$$\sigma_n - f = \frac{1}{n\pi}\int_0^{\frac{\pi}{2}} \left(\frac{\sin nt}{\sin t}\right)^2 \varphi(t)\,dt.$$

Je vais démontrer que la méthode de M. Fejér permet la sommation de la série en tous les points pour lesquels $|\varphi(t)|$ *est la dérivée de son intégrale indéfinie* $\Phi(t) = \int_0^t |\varphi(t)|\,dt$, *pour* $t = 0$, c'est-à-dire en tous les points pour lesquels $\Phi'(0) = 0$ (¹).

Faisons d'abord une remarque très simple. On a

$$\sigma_n = \frac{S_0 + S_1 + \ldots + S_{p-1}}{n} + \frac{n-p}{n}\,\frac{S_p + S_{p+1} + \ldots + S_{n-1}}{n-p} \qquad (n > p),$$

donc si, à partir d'une certaine valeur p de q, tous les S_q sont compris entre m et M il en sera de même de la limite, ou des limites, de σ_n. En particulier le procédé de sommation par la moyenne arithmétique s'applique toujours quand la série est convergente; il est alors d'accord avec le procédé de sommation ordinaire.

Ceci posé, partageons l'intervalle $\left(0, \frac{\pi}{2}\right)$ en $(0, \alpha)$ et $\left(\alpha, \frac{\pi}{2}\right)$. La contribution de $\left(\alpha, \frac{\pi}{2}\right)$ dans $\sigma_n - f$ est la moyenne des contributions du même intervalle dans les différences $S_0 - f$, $S_1 - f$, ..., $S_{n-1} - f$; or la contribution dans $S_q - f$ tend vers zéro avec $\frac{1}{q}$, par suite la contribution de $\left(\alpha, \frac{\pi}{2}\right)$ dans $\sigma_n - f$ tend vers zéro

(¹) J'ai démontré pour la première fois cette propriété dans un Mémoire *Sur la convergence des séries de Fourier*, paru aux *Math. Ann.*, t. LXI. La méthode du texte est beaucoup plus simple que celle que j'avais employée tout d'abord.

avec $\frac{1}{n}$. Il suffit de s'occuper de

$$\frac{1}{n\pi}\int_0^\alpha \left(\frac{\sin nt}{\sin t}\right)^2 \varphi(t)\,dt$$

$$= \frac{1}{n\pi}\int_0^{\frac{\pi}{2n+1}} \left(\frac{\sin nt}{\sin t}\right)^2 \varphi(t)\,dt + \frac{1}{n\pi}\int_{\frac{\pi}{2n+1}}^{\alpha} \left(\frac{\sin nt}{\sin t}\right)^2 \varphi(t)\,dt.$$

En remplaçant $\frac{\sin nt}{\sin t}$ par n dans la première intégrale et par $\frac{1}{\sin\frac{\pi}{2n+1}}$ dans la seconde, on trouve

$$\left|\frac{1}{n\pi}\int_0^\alpha \left(\frac{\sin nt}{\sin t}\right)^2 \varphi(t)\,dt\right|$$

$$\leqq \frac{n}{\pi}\Phi\left(\frac{\pi}{2n+1}\right) + \frac{1}{n\pi\sin\frac{\pi}{2n+1}}\left[\Phi(\alpha) - \Phi\left(\frac{\pi}{2n+1}\right)\right].$$

Si, dans $(0, \alpha)$, on a constamment $\Phi(t) \leqq \theta t$, la plus grande des limites, pour $n = \infty$, est au plus $\frac{1}{2}\theta + \frac{2}{\pi^2}\theta\alpha$; et, comme on peut prendre θ aussi petit que l'on veut, à condition de prendre α assez petit, il est démontré que $\sigma_n - f$ tend vers zéro quand n croît indéfiniment.

Si f est continue dans (a, b), y compris a et b, on pourra, ayant choisi θ arbitrairement petit, prendre la valeur correspondante de α indépendamment de x dans (a, b) et alors les contributions de $(0, \alpha)$ et $\left(\alpha, \frac{\pi}{2}\right)$ dans $\sigma_n - f$ tendent uniformément vers zéro quel que soit x dans (a, b). Cela est évident pour la contribution de $(0, \alpha)$, et cela résulte pour la contribution de $\left(\alpha, \frac{\pi}{2}\right)$ dans $\sigma_n - f$ de ce que la contribution du même intervalle dans $S_n - f$ tend vers zéro uniformément. Avant de conclure remarquons que, si l'oscillation de f est toujours inférieure à Ω, auquel cas $|\varphi|$ est toujours inférieure à 2Ω, on a

$$|\sigma_n - f| < 2\Omega\frac{1}{n\pi}\int_0^{\frac{\pi}{2}} \left(\frac{\sin nt}{\sin t}\right)^2 dt.$$

Le multiplicateur de Ω est ce que devient $\sigma_n - f$ quand f est partout constante et égale à 1 sauf au point considéré où $f = 0$; dans ce cas $S_n - f$ et $\sigma_n - f$ sont, quel que soit n, égaux à 1; donc, le multiplicateur de Ω est égal à 1 et, dans le cas général, $|\sigma_n - f|$ est au plus égale à Ω.

Ainsi, quand n croît, les quantités σ_n tendent vers f en tous les points pour lesquels $\Phi'(0) = 0$; σ_n est bornée, quel que soit n, si f est bornée; σ_n tend uniformément vers f dans tout intervalle où f est continue.

Or, pour que $\Phi'(0) = 0$, il faut que, pour $t = 0$, $|\varphi(t)|$ soit la dérivée de son intégrale indéfinie et, puisque l'on a

$$\varphi(t) = [f(x+2t) - f(x)] + [f(x-2t) - f(x)],$$

cela sera réalisé en particulier quand $|f(x+2t) - f(x)|$ et $|f(x-2t) - f(x)|$ seront, pour $t = 0$, les dérivées de leurs intégrales indéfinies, c'est-à-dire quand $|f(X) - f(x)|$, considérée comme fonction de X, sera, pour $X = x$, la dérivée de son intégrale indéfinie. Or nous savons (n° 11) que cette condition est réalisée pour tous les points sauf peut-être pour ceux d'un ensemble de mesure nulle; les sommes σ_n ont donc des propriétés entièrement analogues aux sommes ρ_h et $\mathcal{R}_h$.

51. *Nature de la divergence des séries de Fourier.* — Je laisse de côté le procédé de Poisson, très peu étudié ici, et pour l'examen duquel on pourrait d'ailleurs utiliser les résultats des deux autres procédés ([1]). Ces deux procédés, et tous ceux qu'on peut déduire des procédés généraux de sommation de M. Borel (*voir* le § 2 du Mémoire de M. Fejér), fournissent des résultats équivalents.

Tous ces procédés montrent qu'une fonction f sommable est déterminée par sa série de Fourier et fournissent une représentation analytique de f, comme il a été dit au n° 49. Tous permettent de démontrer le théorème de Weierstrass sur la représentation

---

([1]) *Voir*, au sujet du procédé de Poisson, un Mémoire de M. P. Fatou qui paraîtra dans les *Acta mathematica*.

approchée des fonctions d'une manière analogue à celle employée au n° 29 ([1]).

Le procédé de M. Fejér est particulièrement commode pour l'approximation des fonctions parce que les quantités σ_n auxquelles il conduit sont des suites finies de Fourier et non des séries; nous l'utiliserons de préférence aux autres, sauf dans le Chapitre V consacré à l'étude du procédé de sommation de Riemann.

Voici des conséquences évidentes de nos résultats :

Une série de Fourier ne peut être convergente en un point de continuité x_0 de $f(x)$ sans converger vers $f(x_0)$, ni en un point de discontinuité de première espèce x_1 sans converger vers $\frac{1}{2}[f(x_1-0)+f(x_1+0)]$, puisque $\sigma_n(x_0)$ et $\sigma_n(x_1)$ tendent vers ces valeurs.

Lorsqu'une série de Fourier est divergente en un point de continuité x_0 ou en un point de discontinuité de première espèce x_1 la plus petite et la plus grande des limites des sommes successives de cette série contiennent toujours entre elles $f(x_0)$ ou $\frac{1}{2}[f(x_1-0)+f(x_1+0)]$, sans cela σ_n, dont la limite est comprise entre ces plus petite et plus grande limites, ne tendrait pas vers $f(x_0)$ ou $\frac{1}{2}[f(x_1-0)+f(x_1+0)]$. Les points de divergence sont donc, en x_0 et x_1, des points d'indétermination de la série et non pas des points où les sommes successives tendent vers $+\infty$ ou vers $-\infty$. Il en est d'ailleurs presque toujours ainsi.

On a, en effet, en appelant L la limite supérieure de f,

$$\sigma_n = \frac{1}{n\pi}\int_\alpha^{2\pi+\alpha}\left(\frac{\sin n\dfrac{x-\theta}{2}}{\sin\dfrac{x-\theta}{2}}\right)^2 f(\theta)\,\frac{d\theta}{2}$$

$$\leq \frac{L}{n\pi}\int_\alpha^{2\pi+\alpha}\left(\frac{\sin n\dfrac{x-\theta}{2}}{\sin\dfrac{x-\theta}{2}}\right)^2 \frac{d\theta}{2},$$

([1]) Lorsqu'on utilise de la même manière le procédé de Poisson, supposé légitimé par le raisonnement de M. Schwarz et non par celui du n° 31, on a la démonstration du théorème de Weierstrass qu'a fait connaître M. Picard (*Traité d'Analyse*, t. I).

dans le dernier membre, le multiplicateur de L est ce que devient σ_n quand $f(\theta)$ est constante et égale à 1, donc ce multiplicateur égale 1. De ce raisonnement et d'un raisonnement analogue on déduit que σ_n est comprise entre les limites inférieure et supérieure de f.

Supposons maintenant que f soit comprise entre l et L quand on ne s'occupe que de $(x-h, x+h)$, alors, en modifiant f à l'extérieur de cet intervalle de façon qu'elle soit partout comprise entre l et L, on ne modifie $\sigma_n(x)$ que d'une quantité qui tend vers zéro quand n croît, donc : *les limites inférieure et supérieure de la fonction f au point x_2 comprennent entre elles toutes les limites vers lesquelles tendent $\sigma_n(x_2)$ quand n croît indéfiniment. Par suite, l'intervalle, qui a pour origine et pour extrémité la plus petite et la plus grande des limites des sommes successives, pour $x = x_2$, de la série de Fourier de $f(x)$, a toujours au moins un point commun avec l'intervalle qui a pour origine et pour extrémité la limite inférieure et la limite supérieure de f au point x_2.*

III. — Opérations sur les séries de Fourier.

52. *Multiplication.* — Pour pouvoir utiliser une série il ne suffit pas de savoir lui attribuer une somme, il faut encore savoir effectuer sur elle certaines opérations simples.

Il est évident que la série de Fourier de $af_1 + bf_2$, a et b étant des constantes, s'obtient par l'addition des séries de Fourier de f_1 et f_2 multipliées respectivement par a et b. Il est plus difficile de former la série de Fourier de $f_1 f_2 = \mathrm{F}$. Nous poserons

$$f_1 \sim \frac{1}{2}a_0 + \sum(a_p \cos px + b_p \sin px),$$

$$f_2 \sim \frac{1}{2}\alpha_0 + \sum(\alpha_p \cos px + \beta_p \sin px),$$

$$\mathrm{F} \sim \frac{1}{2}\mathrm{A}_0 + \sum(\mathrm{A}_p \cos px + \mathrm{B}_p \sin px);$$

nous nous bornerons au cas où f_1 et f_2 sont bornées ce qui permet d'affirmer que F a une série de Fourier si f_1 et f_2 en ont une.

Nous avons trouvé des cas où les coefficients a_i, b_i, α_i, β_i forment des suites absolument convergentes, n° 28 : alors les séries représentant f_1 et f_2 sont absolument convergentes, on peut les multiplier terme à terme, remplacer les produits de cosinus ou sinus par des sommes algébriques de cosinus et sinus et grouper les termes ainsi obtenus d'une manière quelconque. Groupons ensemble les termes contenant $\cos px$ ou $\sin px$, nous obtenons, en convenant que $a_{-k} = a_k$, $b_{-k} = -b_k$,

$$(\mathrm{M}) \quad \left\{ \begin{aligned} A_0 &= \frac{1}{2} a_0 \alpha_0 + \frac{1}{2} \sum_{p=1}^{\infty} (a_p \alpha_p + b_p \beta_p), \\ A_n &= \frac{1}{2} a_0 \alpha_n + \frac{1}{2} \sum_{p=1}^{\infty} [a_p(\alpha_{p+n} + \alpha_{p-n}) + b_p(\beta_{p+n} + \beta_{p-n})], \quad (n \neq 0), \\ B_n &= \frac{1}{2} a_0 \beta_n + \frac{1}{2} \sum_{p=1}^{\infty} [a_p(\beta_{p+n} - \beta_{p-n}) - b_p(\alpha_{p+n} - \alpha_{p-n})]. \end{aligned} \right.$$

Ces égalités ne sont jusqu'ici démontrées que si les séries $\sum |a_i|$, $\sum |b_i|$, $\sum |\alpha_i|$, $\sum |\beta_i|$ sont convergentes et en particulier elles sont vraies quand ces séries ne contiennent qu'un nombre fini de termes non nuls, c'est-à-dire quand il s'agit de multiplier deux suites finies de Fourier. Elles sont vraies aussi quand une seule des séries de Fourier à multiplier se réduit à une suite finie : pour le voir il suffira évidemment d'examiner le cas où f_2 se réduit à $\cos px$ ou à $\sin px$. Supposons, par exemple, $f_2 = \cos px$ et examinons seulement l'égalité relative à A_n, tous les α et les β sont alors nuls sauf α_p qui est égal à 1, l'égalité qui donne A_n se réduit à

$$A_n = \frac{1}{2}(a_{p+n} + a_{p-n}),$$

ce qui n'est qu'une autre manière d'écrire l'égalité évidente :

$$\frac{1}{\pi} \int_0^{2\pi} f_1(\theta) \cos n\theta \cos p\theta \, d\theta$$
$$= \frac{1}{2\pi} \left[\int_0^{2\pi} f_1(\theta) \cos(p+n)\theta \, d\theta + \int_0^{2\pi} f_1(\theta) \cos(p-n)\theta \, d\theta \right].$$

Ces remarques faites, il suffira évidemment de démontrer la

première des égalités (M) pour tous les systèmes de deux fonctions bornées et sommables pour avoir le droit de conclure à l'exactitude de toutes les formules (M) pour ces fonctions; car, si l'on applique la première formule (M) aux fonctions f_1 et $f_2 \cos nx$, dont on connaît les séries de Fourier, on a la formule qui donne A_n et de même, si l'on applique la première formule (M) aux fonctions f_1 et $f_2 \sin nx$, on a la formule qui donne B_n.

Simplifions encore le théorème à démontrer. Dans le cas du produit f_1^2, il se réduit à

$$A_0 = \frac{1}{2} a_0^2 + \sum (a_p^2 + b_p^2) = \frac{1}{\pi} \int_0^{2\pi} f_1^2(\theta)\, d\theta.$$

Si cette égalité était démontrée, il suffirait de l'appliquer au calcul de

$$\int_0^{2\pi} (f_1 + \lambda f_2)^2\, d\theta = \int_0^{2\pi} f_1^2\, d\theta + 2\lambda \int_0^{2\pi} f_1 f_2\, d\theta + \lambda^2 \int_0^{2\pi} f_2^2\, d\theta,$$

λ désignant une constante indéterminée, pour en déduire la première des formules (M). En définitive, pour démontrer ces formules (M), il nous suffira de faire voir que, pour toute fonction f bornée et sommable,

$$f \sim \frac{1}{2} a_0 + \sum (a_p \cos px + b_p \sin px),$$

on a

$$\text{(N)} \qquad \frac{1}{\pi} \int_0^{2\pi} f^2(\theta)\, d\theta = \frac{1}{2} a_0^2 + \sum_{p=1}^{\infty} (a_p^2 + b_p^2).$$

Cette formule est exacte, nous le savons, quand il s'agit d'une suite finie de Fourier; appliquons-la à la somme σ_n de M. Féjer relative à la fonction f. On trouve

$$\frac{1}{\pi} \int_0^{2\pi} \sigma_n^2\, d\theta = \frac{1}{2} a_0^2 + \sum_{p=1}^{p=n} (a_p^2 + b_p^2) \left(1 - \frac{p}{n}\right)^2.$$

D'ailleurs, f étant bornée, les σ_n sont aussi bornés et, puisque σ_n^2 tend vers f^2 partout, sauf pour les points d'un ensemble de mesure nulle (n° 49), $\int_0^{2\pi} \sigma_n^2\, d\theta$ tend vers $\int_0^{2\pi} f^2\, d\theta$, quand n augmente indéfiniment (n° 12). Par suite l'égalité (N) serait démontrée si l'on convenait d'appliquer au second membre de (N) le procédé de sommation suivant : à la série

$$u_0 + u_1 + u_2 + \ldots$$

on fait correspondre comme somme la limite de

$$\Sigma_n = u_0 + u_1\left(1 - \frac{1}{n}\right)^2 + u_2\left(1 - \frac{2}{n}\right)^2 + \ldots + u_n\left(1 - \frac{n}{n}\right)^2.$$

Pour que (N) soit démontrée quand on emploie le procédé ordinaire de sommation des séries, il suffit donc de prouver que le procédé de sommation par les Σ_n fournit le même résultat que le procédé ordinaire quand on l'applique à une série à termes positifs, comme celle qui figure dans (N). Or, cela résulte de ce que, quand les u sont positifs, Σ_n est au moins égal à la somme de ses p premiers termes, laquelle tend vers la somme des p premiers termes de la série proposée quand n croît indéfiniment, et de ce que Σ_n est au plus égal à $u_0 + u_1 + \ldots + u_n$.

L'égalité (N) et, par suite, les égalités (M) sont ainsi démontrées pour toutes les fonctions sommables bornées, c'est-à-dire que nous savons écrire la série de Fourier du produit de deux telles fonctions données par leurs séries de Fourier. Ce n'est qu'assez récemment que cette multiplication des séries de Fourier a été légitimée pour toutes les séries correspondant à des fonctions intégrables au sens de Riemann; la méthode qui vient d'être employée pour le cas des fonctions sommables est peu différente de celle qu'avait utilisée M. Hurwitz pour le cas des fonctions intégrables de Riemann ([1]).

Il serait naturel maintenant d'étudier la division des séries de Fourier; on ne connaît que bien peu de choses à ce sujet.

L'idée qui se présente immédiatement à l'esprit consiste à considérer dans les équations (M) les A, B, α et β comme connus et les a et b comme inconnus. Le problème est ainsi ramené à la résolution d'une infinité d'équations à une infinité d'inconnues; je me bornerai à renvoyer aux quelques travaux que j'ai cités

---

([1]) Voir *Math. Ann.*, t. LVII et LIX. On trouvera là des indications bibliographiques concernant la multiplication et l'intégration des séries de Fourier.

(n° 18) et qui concernent ces systèmes, ainsi qu'à un article de M. P. Appell (*Bull. de la Soc. math. de France*, t. XIII).

J'indique encore une question qui mériterait d'être étudiée soigneusement : de la convergence des séries de Fourier de f_1 et f_2 peut-on conclure, dans des cas étendus, à la convergence de la série de Fourier de $f_1 f_2$?

53. *Intégration.* — Soit une fonction sommable

$$f \sim \frac{a_0}{2} + \sum (a_p \cos px + b_p \sin px),$$

son intégrale $F(x) = \int_0^x f(x)\,dx$, étant à variation bornée (n° 11), est représentable dans $(0, 2\pi)$ par sa série de Fourier uniformément convergente (n° 40), sauf autour de $x \equiv 0$,

$$F(x) = \frac{A_0}{2} + \sum (A_p \cos px + B_p \sin px) \qquad (0 < x < 2\pi),$$

avec, pour $p \neq 0$,

$$\begin{aligned} A_p &= \frac{1}{\pi}\int_0^{2\pi} F \cos px\,dx \\ &= \frac{1}{\pi}\left[F\,\frac{\sin px}{p}\right]_0^{2\pi} - \frac{1}{p\pi}\int_0^{2\pi} f \sin px\,dx = -\frac{b_p}{p}, \end{aligned}$$

$$\begin{aligned} B_p &= \frac{1}{\pi}\int_0^{2\pi} F \sin px\,dx \\ &= \frac{1}{\pi}\left[F\,\frac{\cos px}{p}\right]_{2\pi}^{0} + \frac{1}{p\pi}\int_0^{2\pi} f \cos px\,dx = -\frac{a_0}{p} + \frac{a_p}{p}. \end{aligned}$$

D'où

$$F(x) = \frac{A_0}{2} + \sum\left(-\frac{b_p}{p}\cos px + \frac{a_p}{p}\sin px - \frac{a_0}{p}\sin px\right).$$

Faisons $x = 0$; en tenant compte de $F(+0) = 0$ on trouve

$$\frac{F(+0) + F(2\pi - 0)}{2} = \frac{\pi a_0}{2} = \frac{A_0}{2} + \sum -\frac{b_p}{p},$$

d'où A_0; et, d'autre part, dans $(0, 2\pi)$,

$$\sum -\frac{a_0}{p}\sin px = \frac{x - \pi}{2} a_0,$$

donc on a

$$F(x) = \frac{a_0}{2}x + \sum \frac{1}{p}[a_p \sin px - b_p(\cos x - 1)];$$

la série de Fourier de f est donc intégrable terme à terme de o à $x < 2\pi$. En soustrayant $F(x_2)$ de $F(x_1)$ on verra que la série de Fourier de f est intégrable dans (x_1, x_2), pourvu que dans cet intervalle ne se trouve aucune valeur congrue à o. Si l'on faisait le changement de variable $x = X - a$ avant le raisonnement, on serait conduit à constater la possibilité d'intégrer la série de Fourier dans (x_1, x_2) ne contenant pas de valeur congrue à a, c'est-à-dire, puisque a est quelconque, dans tout intervalle d'étendue moindre que 2π. En partageant un intervalle quelconque en parties d'étendues moindres que 2π, on vérifiera l'énoncé général :

La série de Fourier de f, intégrée terme à terme dans un intervalle quelconque, fournit l'intégrale de f dans cet intervalle. Si l'une des extrémités de cet intervalle est variable, la série obtenue est uniformément convergente.

54. *Dérivation.* — Supposons qu'on connaisse la série de Fourier d'une fonction $F(x)$ partout dérivable, sauf pour $x \equiv 0$, et dont la dérivée est sommable, et proposons-nous de former la série de Fourier de sa dérivée f; ou bien, supposons que $F(x)$ soit l'intégrale indéfinie de f, et proposons-nous de former la série de f. En conservant les notations du numéro précédent, les égalités qui y ont été établies résolvent le problème; seulement, comme on ne suppose plus $F(+0) = 0$, l'égalité qui nous a servi à calculer A_0 doit être remplacée par la suivante :

$$\frac{F(+0) + F(2\pi - 0)}{2} = \frac{\pi a_0}{2} + F(+0) = \frac{A_0}{2} + \sum A_p,$$

d'où l'on tirera

$$a_0 = \frac{F(2\pi - 0) - F(+0)}{\pi} = -\frac{2F(+0)}{\pi} + \frac{A_0}{\pi} + \frac{2}{\pi}\sum A_p.$$

Supposons que l'on dérive terme à terme la série de Fourier de F, nous obtenons, en tenant compte des relations indiquées,

$$\sum -pA_p \sin px + pB_p \cos px = \sum b_p \sin px + a_p \cos px - a_0 \cos px.$$

En général ce n'est pas une série convergente; en effet, a_p tend vers zéro quand p croît, donc, sauf si $a_0 = 0$, le coefficient $(a_p - a_0)$ de $\cos px$ dans cette série ne tend pas vers zéro, et nous verrons que c'est là une condition de divergence (n° 57). La série obtenue ne diffère de la série de Fourier de f que par l'absence du terme constant et par la présence des termes $a_0 \cos px$. Mais, d'après ce qui a été dit au n° 50 sur l'application du procédé de M. Fejer à la série $\Sigma \cos px$, *la série obtenue en dérivant la série de Fourier de* F *est sommable par le procédé de la moyenne arithmétique et représente* f *en tous les points où la série de Fourier de* f *serait sommable par le même procédé.*

Bien entendu la série obtenue en dérivant la série de Fourier de F pourrait aussi être sommée par le procédé de Riemann, en tout point si f est la dérivée de F, partout sauf aux points d'un ensemble de mesure nulle si F est l'intégrale indéfinie de f.

Pour que la série de Fourier de F fournisse, par dérivation, la série de Fourier de f il faut et il suffit que $a_0 = 0$, c'est-à-dire que F soit périodique, et c'est dans ce cas seulement que la dérivation peut conduire à une série convergente partout.

Ainsi, quand on est dans les meilleures conditions possibles, une série de Fourier dérivée terme à terme conduit à une série de Fourier; intégrée une fois elle conduit en général à une série trigonométrique plus un polynome du premier degré, intégrée n fois elle conduit à une série trigonométrique plus un polynome du $n^{\text{ième}}$ degré. Si donc on veut utiliser les séries de Fourier pour obtenir des développements qu'on puisse dériver ou intégrer indéfiniment terme à terme sans que le développement change de forme il sera naturel d'essayer si l'on ne pourrait pas arriver au résultat désiré par l'emploi de la somme d'une série de Fourier et d'une série entière. En fait M. Borel a démontré que ces sommes convenaient pour la représentation des fonctions indéfiniment dérivables (1).

(1) *Voir* la *Thèse* de M. Borel (*Annales de l'École Normale,* 1895, p. 37) ou le Chapitre IV de ses *Leçons sur les fonctions de variables réelles.* Dans le Volume cité des *Ann. de l'Éc. Norm.* on trouvera aussi un Mémoire de M. M. Lerch : *Sur la dérivation d'une classe de séries trigonométriques.*

IV. — Applications géométriques.

55. *Théorème de Jean Bernoulli.* — Pour appliquer les résultats qu'on vient d'obtenir, je vais démontrer un théorème de Jean Bernoulli par la méthode qu'a employée Poisson dans ce but (*Journal de l'École Polytechnique*, Cahier 18).

Considérons une courbe C ayant des tangentes et supposons que, lorsqu'un point M parcourt C, la tangente en M tourne toujours dans le même sens, ce que nous exprimerons en disant que C est convexe ([1]). Soit AB l'arc de courbe C considéré, nous supposons que la tangente en B fait un angle droit avec la tangente en A. Soit Γ celle des développantes de C dont le rayon de courbure en A est nul, c'est-à-dire qui passe par A.

J'appelle B_1 son extrémité. Soit C_1 celle des développantes de Γ qui passe par B_1, j'appelle A_1 son extrémité. Soit Γ_1 celle des développantes de C_1 qui passe par A_1, j'appelle B_2 son extrémité, et ainsi de suite. Les points A, A_1, A_2, ... sont sur la normale AX à C en A; les points B, B_1, B_2, ... sont sur la tangente BX′ à C en B. AX et BX′ sont deux droites parallèles. Nous nous proposons de rechercher si les courbes C_i et les courbes Γ_i, qui s'éloignent indéfiniment entre AX et BX′, ne tendraient pas vers une forme limite.

Considérons un point M de C et les points μ et M_1 correspondants de Γ et C_1. Désignons par x l'angle aigu de la tangente en M avec BX′, par s l'arc BM de C, par r le rayon de courbure de C en M; par x_1, s_1, r_1 nous désignons les éléments analogues de C_1; par ξ l'angle aigu de la tangente à Γ en μ avec AX, par σ l'arc Aμ de Γ, par ρ le rayon de courbure de Γ en μ. Avant d'aller plus loin remarquons qu'on n'introduit aucune hypothèse nouvelle en supposant l'existence de rayons de courbures, car, si C n'en avait pas, C_1 en aurait un et il suffirait de faire commencer à C_1 la suite

---

([1]) Bien qu'une droite puisse parfois rencontrer C en plus de deux points; c'est ainsi qu'avec la définition du texte un arc quelconque de spirale d'Archimède est convexe. Cette définition est celle qu'a adoptée M. Borel dans sa *Géométrie élémentaire,* p. 39 et 40.

des courbes C. On a

$$x = x_1, \qquad x + \xi = \frac{\pi}{2}, \qquad s + \rho = \text{const.}, \qquad \sigma + r_1 = \text{const.},$$

$$\frac{ds}{dx} = r, \qquad \frac{d\sigma}{d\xi} = \rho;$$

d'où

$$\frac{d^2 r_1}{dx^2} = -\frac{d^2\sigma}{dx^2} = -\frac{d\left(\dfrac{d\sigma}{d\xi}\right)}{dx} = \frac{d\rho}{dx} = -\frac{ds}{dx} = -r.$$

Posons alors

$$r \sim b_1 \sin x + b_3 \sin 3x + b_5 \sin 5x + \ldots,$$

ce qui est possible puisque r n'est encore défini que dans $\left(0, \frac{\pi}{2}\right)$. On pourrait d'ailleurs remplacer cette égalité formelle par une égalité entre nombres telle que la série du second membre soit uniformément convergente, car, à condition peut-être de supprimer les premières courbes C, C_1, ..., on peut supposer que $r(0) = 0$ et que $r(x)$ a partout une dérivée bornée. En intégrant deux fois on aura $-r_1$; si l'on remarque que $r_1(0) = 0$ et $-\frac{dr_1\left(\frac{\pi}{2}\right)}{dx} = \rho\left(\frac{\pi}{2}\right) = 0$ on obtient

$$-\rho = b_1 \cos x + \frac{b_3}{3}\cos 3x + \frac{b_5}{5}\cos 5x + \ldots,$$

$$r_1 = b_1 \sin x + \frac{b_3}{3^2}\sin 3x + \frac{b_5}{5^2}\sin 5x + \ldots.$$

Par suite le rayon de courbure r_p de C_p est

$$r_p = b_1 \sin x + \frac{b_3}{3^{2p}}\sin 3x + \frac{b_5}{5^{2p}}\sin 5x + \ldots,$$

$r_p(x)$ tend donc vers $R(x) = b_1 \sin x$. On déduira facilement de là que, si l'on effectuait sur C_1, C_2, ..., les translations le long de BX' qui amènent B_1, B_2, ... en B, les positions que prendraient M_1, M_2, ... tendent vers un point de la courbe $\mathcal{C}$ passant par B et définie par l'égalité $R(x) = b_1 \sin x$ entre son rayon de courbure R et l'angle x que sa tangente fait avec BX'.

Les formules ordinaires de la géométrie permettent de vérifier que $\mathcal{C}$ est une demi-cycloïde ayant B pour point de rebroussement et qui est normale à AX. D'ailleurs, dès qu'est démontrée l'existence d'une courbe limite $\mathcal{C}$ ne dépendant que du seul paramètre b_1,

$$b_1 = \frac{1}{\pi}\int_0^{2\pi} r \sin x \, dx = \frac{4}{\pi}\int_0^{\frac{\pi}{2}} \sin x \left(\frac{ds}{dx}\right) dx = \frac{4}{\pi} h,$$

h représentant la distance de AX et BX′, il est évident que $\mathcal{C}$ est cette cycloïde puisque, pour elle, toutes les courbes C_i sont égales.

Les courbes Γ_i ont évidemment pour limite une demi-cycloïde égale à $\mathcal{C}$. On verrait de même que, si la courbe C était convexe, mais que les tangentes aux extrémités ne fassent pas entre elles un angle droit, les courbes C_1, C_2, ... et Γ, Γ_1, ... tendraient vers une forme limite épicycloïdale ; pour que ces courbes elles-mêmes aient une courbe limite il faudrait effectuer sur elles des transformations par figures semblables, les rapports de similitude ne dépendant que de l'angle des tangentes à C en A et B.

Dans le cas où C n'est pas convexe il semble bien qu'il n'existe pas de propriété analogue ; on le verra en considérant le cas d'une courbe C formée par un arc $\alpha\beta$ de circonférence puis par le même arc parcouru en sens inverse de β vers α. Le cas des courbes gauches n'a pas été examiné que je sache.

56. *Théorème des isopérimètres.* — Pour faire connaître une autre application géométrique je vais démontrer, par la méthode de M. Hurwitz, l'inégalité qui constitue le théorème des isopérimètres [1].

Soit C une courbe plane fermée sans points multiples, rectifiable, c'est-à-dire de longueur finie L ; M. Jordan a démontré qu'une telle courbe partageait le plan en deux régions et que la région intérieure est de celles qu'il a appelées *quarrables* et auxquelles on peut attacher une aire A. M. Jordan a montré de plus que, de quelque façon qu'on exprime les points de C comme fonctions continues d'un paramètre, ces coordonnées sont des fonctions à variation bornée de ce paramètre. Enfin, de quelque façon qu'une

[1] Voir *Annales de l'École normale supérieure*, 1902.

courbe rectifiable C_1 tende uniformément vers C, la longueur L_1 de C_1 a une plus petite limite au moins égale à L et l'aire A_1 de C_1 a pour limite A. D'ailleurs, on peut toujours choisir C_1 de manière que L_1 tende vers L.

Ceci posé, exprimons les coordonnées des points de C en fonction de l'arc s de C compté à partir d'une origine arbitraire et posons $t = \frac{2\pi s}{L}$. Nous aurons

$$x = \frac{1}{2} a_0 + \sum (a_p \cos pt + b_p \sin pt),$$

$$y = \frac{1}{2} \alpha_0 + \sum (\alpha_p \cos pt + \beta_p \sin pt),$$

les séries qui figurent dans x et dans y étant uniformément convergentes. Supposons d'abord que x et y aient partout des dérivées en t et que ces dérivées soient sommables; nous aurons, puisqu'il s'agit de fonctions périodiques (n° 54),

$$\frac{dx}{dt} \sim \sum (p b_p \cos pt - p a_p \sin pt),$$

$$\frac{dy}{dt} \sim \sum (p \beta_p \cos pt - p \alpha_p \sin pt);$$

et, d'autre part,

$$\left(\frac{dx}{dt}\right)^2 + \left(\frac{dy}{dt}\right)^2 = \left(\frac{L}{2\pi}\right)^2.$$

Nous savons calculer $\int_0^{2\pi} \left(\frac{dx}{dt}\right)^2 dt$, $\int_0^{2\pi} \left(\frac{dy}{dt}\right)^2 dt$ par la formule (N) du n° 52. De ce calcul nous tirons

$$L^2 = 2\pi^2 \sum p^2 (a_p^2 + b_p^2 + \alpha_p^2 + \beta_p^2).$$

D'autre part, de la première des formules (M) du n° 52, nous déduirons

$$A = \int_0^{2\pi} x \frac{dy}{dt} dt = \pi \sum (a_p \beta_p - b_p \alpha_p).$$

Donc

$$L^2 - 4\pi A = 2\pi^2 \sum [(p a_p - \beta_p)^2 + (p \alpha_p + b_p)^2 + (p^2 - 1)(b_p^2 + \beta_p^2)].$$

Débarrassons-nous maintenant de l'hypothèse faite relativement à l'existence de $\frac{dx}{dt}$ et $\frac{dy}{dt}$. En remarquant que $x(t)$ et $y(t)$ sont à nombres dérivés bornés et, par suite, ont des dérivées presque partout (n° 11), on pourrait vérifier que nos calculs sont corrects dans tous les cas; mais les remarques qui suivent suffiront.

Prenons une courbe C_1 qui tend vers C et dont la longueur L_1 tend vers L; il est facile de construire cette courbe de façon qu'elle soit de celles auxquelles s'appliquent les raisonnements précédents.

Alors, les éléments affectés d'un indice 1 correspondant à C_1, on a

$$L_1^2 - 4\pi A_1 = 2\pi^2 \sum [(p a_{1,p} - \beta_{1,p})^2 + (p\alpha_{1,p} + b_{1,p})^2 + (p^2-1)(b_{1,p}^2 + \beta_{1,p}^2)].$$

Le premier membre tend vers $L^2 - 4\pi A$ quand C_1 tend vers C; la somme des k premiers termes du second membre tend vers la somme correspondante relative à la courbe C, donc on a

$$L^2 - 4\pi A \geqq 2\pi^2 \sum [(p a_p - \beta_p)^2 + (p\alpha_p + b_p)^2 + (p^2-1)(b_p^2 + \beta_p^2)],$$

et, par suite,

$$L^2 - 4\pi A > 0,$$

sauf peut-être si

$$a_1 = \beta_1, \quad b_1 = -\alpha_1, \quad a_2 = a_3 = \ldots = b_2 = b_3 = \ldots = \alpha_2 = \alpha_3 = \ldots = 0;$$

auquel cas C est une circonférence et l'on a bien

$$L^2 = 4\pi A.$$

Donc, *pour toute courbe fermée sans point double, rectifiable et de longueur* L, *limitant une aire* A, *on a*

$$L^2 - 4\pi A \geqq 0,$$

le signe = ne convenant qu'au cas de la circonférence.

CHAPITRE V.

SÉRIES TRIGONOMÉTRIQUES QUELCONQUES.

Les recherches exposées dans ce dernier Chapitre continuent et complètent celles dont il a été question au Chapitre II; comme celles-ci, elles ont pour but principal de nous faire connaître quelles peuvent être les séries trigonométriques représentant des fonctions données.

57. *Théorème de M. Georg Cantor. — Lorsqu'une série trigonométrique est convergente pour tous les points d'un intervalle, ses coefficients tendent vers zéro.* Cela sera évidemment prouvé si nous démontrons que la série trigonométrique dont le terme général est $\rho_n \cos n(x - \alpha_n)$ ne peut converger que pour un ensemble de valeurs de x de mesure nulle lorsque ρ_n ne tend pas vers zéro quand n croît. En effet, lorsqu'il en est ainsi, on peut trouver une suite croissante d'entiers n_i tels que les nombres ρ_{n_i} correspondants soient tous supérieurs à un nombre fixe m différent de zéro. ε étant arbitrairement choisi positif, le nombre $|\rho_{n_i} \cos n_i(x - \alpha_{n_i})|$ surpasse ε, sauf pour des valeurs de x qui forment, pour $0 < x < 2\pi$, un ensemble de mesure au plus égale à $\eta = 4 \arcsin \frac{\varepsilon}{m}$, et nous devons en conclure (n° 9) que la mesure de l'ensemble des points de convergence est au plus η. Notre théorème est ainsi démontré, car η tend vers zéro avec ε.

Ce théorème, que Riemann semble avoir considéré comme évident, a été démontré pour la première fois par M. G. Cantor (¹).

(¹) *Journal de Crelle*, t. 72; *Math. Annalen*, t. IV; *Acta mathematica*, t. II.

Pour les recherches suivantes, il est possible de s'en passer comme l'ont remarqué Riemann et Kronecker [1]; il suffit pour cela, ayant la série trigonométrique $S(x)$ convergente pour $x = x_0$, de raisonner uniquement sur la série en δ, $S(x_0 + \delta) + S(x_0 - \delta)$, dont les coefficients tendent vers zéro.

Une série dont les coefficients ne tendent pas vers zéro peut avoir des points de convergence dans tout intervalle; on en trouvera des exemples dans le dernier paragraphe du Mémoire de Riemann, le plus simple est celui de la série $\Sigma \sin n!\pi x$ qui est évidemment convergente pour toute valeur rationnelle de x [2].

58. *Théorème fondamental de Riemann.* — Nous allons considérer maintenant une série trigonométrique (S), dont les coefficients tendent vers zéro,

$$(S) \qquad \frac{1}{2}a_0 + \sum (a_n \cos nx + b_n \sin nx) = A_0 + A_1 + A_2 + \ldots,$$

et rechercher dans quels cas on peut lui appliquer le procédé sommatoire de Riemann (n° 49) qui consiste, comme on le sait, à poser

$$F(x) = C + C_1 x - \frac{A_0 x^2}{2} - \frac{A_1}{1^2} - \frac{A_2}{2^2} - \frac{A_3}{3^2} - \ldots,$$

et à attribuer comme somme à la série proposée la limite, pour $h = 0$, d'une quantité que l'on notera, en modifiant légèrement les notations du n° 6,

$$\frac{\Delta^2 F(x)}{4h^2} = \frac{F(x + 2h) + F(x - 2h) - 2F(x)}{4h^2} = A_0 + \sum A_p \left(\frac{\sin ph}{ph}\right)^2.$$

Le théorème fondamental qu'on va tout d'abord démontrer est le suivant : *lorsque* (S) *est convergente, le procédé sommatoire de Riemann s'applique et est d'accord avec le procédé de sommation ordinaire.*

---

(1) *Voir* le paragraphe II du Mémoire de Riemann et un travail de Kronecker dans le Tome 72 du *Journal de Crelle.*

(2) On prouvera facilement que la série $\Sigma n \sin n!\pi x$ n'est convergente que pour les valeurs rationnelles de x.

Il suffira, pour cela, de montrer que $\sum A_p\left(\frac{\sin ph}{ph}\right)^2$ tend, quand h tend vers zéro, vers la série ΣA_p supposée convergente.

D'après le n° 25, il suffit de montrer que la quantité

$$\sum_1^\infty\left|\left[\frac{\sin ph}{ph}\right]^2-\left[\frac{\sin(p+1)h}{(p+1)h}\right]^2\right|$$

$$=\sum_1^{n-1}\left|\left[\frac{\sin ph}{ph}\right]^2-\left[\frac{\sin(p+1)h}{(p+1)h}\right]^2\right|+\sum_n^\infty\left|\left[\frac{\sin ph}{ph}\right]^2-\left[\frac{\sin(p+1)h}{(p+1)h}\right]^2\right|$$

est uniformément bornée. Dans le second membre prenons l'entier n de façon que le signe $|\;|$ soit inutile dans la première somme; il suffira, pour cela, que l'on ait $n|h|<\pi<(n+1)|h|$.

La première somme est alors $\left(\frac{\sin h}{h}\right)^2-\left(\frac{\sin nh}{nh}\right)^2$, quantité bornée.

La seconde somme est égale à

$$\sum_n^\infty\left|\frac{(\sin ph)^2-[\sin(p+1)h]^2}{p^2h^2}+[\sin(p+1)h]^2\left[\frac{1}{p^2h^2}-\frac{1}{(p+1)^2h^2}\right]\right|;$$

en remarquant que la différence des carrés des sinus est égale à $|\sin(2p+1)h\sin h|<|h|$, on voit que cette somme est inférieure à

$$\sum_n^\infty\frac{|h|}{p^2h^2}+\frac{1}{n^2h^2}<\int_{(n-1)h}^\infty\frac{dt}{t^2}+\frac{1}{n^2h^2}=\frac{1}{(n-1)|h|}+\frac{1}{n^2h^2},$$

quantité bornée, car elle tend vers $\frac{1}{\pi}+\frac{1}{\pi^2}$.

Démontrons encore que l'on a toujours :

$$\lim_{h=0}\frac{\Delta^2F(x)}{2h}=\lim_{h=0}\left[2A_0h+2\sum A_p\frac{(\sin ph)^2}{p^2h}\right]=0.$$

Cela résulte (n° 25) de ce que l'on a, en conservant les notations précédentes,

$$\sum_{1}^{\infty}\left|\frac{(\sin ph)^2}{p^2 h}\right| = |h|\sum_{1}^{n}\left(\frac{\sin ph}{ph}\right)^2$$

$$+|h|\sum_{n+1}^{\infty}\left(\frac{\sin ph}{ph}\right)^2 \leqq n|h| + \sum_{n+1}^{\infty}\frac{|h|}{p^2 h^2} < n|h| + \frac{1}{n|h|},$$

quantité bornée, car elle tend vers $\pi + \frac{1}{\pi}$ ([1]).

59. *Condition nécessaire et suffisante démontrée par Riemann.* — Soit une fonction $f(x)$ de période 2π, nous nous demandons à quelles conditions elle doit satisfaire pour qu'il existe une série trigonométrique, dont les coefficients tendent vers zéro, à laquelle s'applique le procédé sommatoire de Riemann et dont la somme, obtenue par ce procédé, égale $f(x)$.

Il faut évidemment tout d'abord que la condition suivante soit remplie (n° 6) :

1° *$f(x)$ est la dérivée seconde généralisée d'une fonction continue* $F(x)$.

La dérivée seconde généralisée de $F(x+2\pi) - F(x)$ est égale à $f(x+2\pi) - f(x) = 0$; donc $F(x+2\pi) - F(x)$ est une fonction linéaire (n° 6) que l'on peut noter $2\pi[A_0 x + \pi A_0 + C_1]$; on vérifie de suite que, si l'on pose

$$F(x) = C_1 x + A_0 \frac{x^2}{2} + \Phi(x),$$

$\Phi(x)$ est une fonction continue de période 2π.

En remplaçant $\Phi(x)$ par sa série de Fourier, on trouve une égalité formelle qu'on peut écrire

$$F(x) = C + C_1 x + \frac{A_0 x^2}{2} - \frac{A_1}{1^2} - \frac{A_2}{2^2} - \ldots - \frac{A_n}{n^2} \ldots,$$

A_n étant de la forme $\alpha \cos nx + \beta \sin nx$; il reste seulement à écrire

---

([1]) Pour d'autres applications des raisonnements de Riemann, *voir* une Note de M. Fatou (*Comptes rendus*, 1905).

que A_n tend vers zéro pour écrire du même coup que l'égalité précédente est une égalité entre nombres et que, en dérivant deux fois le second membre, on a une série à coefficients tendant vers zéro qui représente $f(x)$ à la manière indiquée. D'où cette seconde condition :

2° *En posant*

$$-\pi A_n = n^2 \int_{\alpha}^{2\pi+\alpha} \Phi(t) \cos n(x-t)\, dt$$

le second membre tend vers zéro avec $\frac{1}{n}$, *uniformément quel que soit* x.

Les conditions 1° et 2° constituent la condition nécessaire et suffisante cherchée; on verrait facilement comment il faut la modifier si $f(x)$ n'existait pas en certains points ou si l'on renonçait à la sommabilité de la série, ou à l'égalité de $f(x)$ et de sa somme en certains points. Je laisse cela de côté pour indiquer la transformation que Riemann a fait subir à la condition 2°, et qui est la partie importante de cette recherche. Il est évident en effet que la condition 1°, qui n'est qu'une tautologie, serait suffisante si l'on ne s'imposait pas la restriction supplémentaire que les coefficients de la série représentant $f(x)$ tendent vers zéro en vue d'un application ultérieure au procédé de sommation ordinaire.

Nous désignerons par $\mu(x)$ une fonction continue de période 2π ayant partout une dérivée première et ayant partout, sauf en un nombre fini de points, une dérivée seconde à variation bornée. D'après les nos 27 et 28, si le $(n+1)^{\text{ième}}$ terme de la série de Fourier de $\mu(x)$ est $a_n \cos nx + b_n \sin nx$, $n^3 a_n$ et $n^3 b_n$ sont bornés, donc $n^2 a_n$ et $n^2 b_n$ tendent vers zéro. D'autre part, si le $(n+1)^{\text{ième}}$ terme de la série de Fourier de $\Phi(x)$ est $\alpha_n \cos nx + \beta_n \sin nx$, $n^2 \alpha_n$ et $n^2 \beta_n$ tendent vers zéro. Donc, d'après les formules (M) (n° 52), le $(n+1)^{\text{ième}}$ terme $A_n \cos nx + B_n \sin nx$ de la série de Fourier de $\Phi(x)\mu(x)$ est tel que $n^2 A_n$ et $n^2 B_n$ tendent vers zéro, ou, si l'on veut, que $n^2(A_n \cos nx + B_n \sin nx)$ tende uniformément vers zéro, quel que soit x.

Ceci s'écrit

$$\text{(A)} \qquad \lim_{n=\infty} n^2 \int_{\alpha}^{2\pi+\alpha} \Phi(t) \mu(t) \cos n(x-t)\, dt = 0.$$

Admettons que μ n'est différent de zéro que dans une partie (a, b) de $(\alpha, 2\pi + \alpha)$, ce qui exige

$$\mu(a) = \mu(b) = \mu'(a) = \mu'(b) = 0;$$

on pourra remplacer les limites d'intégration $(\alpha, 2\pi + \alpha)$ par a et b. D'autre part, μ ayant les propriétés indiquées, l'expression

$$n^2 \left[\frac{1}{\pi} \int_a^b \mu(t) \left(C' t + \frac{A_0 t^2}{2} \right) \cos n(x - t)\, dt \right]$$

tend vers zéro avec $\frac{1}{n}$, car la quantité entre crochets est le $(n+1)^{\text{ième}}$ terme de la série de Fourier de $\mu(x) \left(C' x + \frac{A_0 x^2}{2} \right)$, qui est continue ainsi que sa dérivée première et dont la dérivée seconde est à variation bornée. Par suite, si 2° est remplie,

$$n^2 \int_a^b \mu(t)\, F(t) \cos n(x - t)\, dt$$

tend vers zéro avec $\frac{1}{n}$. Pour conclure, énonçons une condition 2′.

2′ *Désignons par $\lambda(t)$ une fonction définie dans (A, B) qui y est continue ainsi que sa dérivée première, qui a, sauf un nombre fini de points, une dérivée seconde à variation bornée, et telle que l'on ait*

$$\lambda(A) = \lambda(B) = \lambda'(A) = \lambda'(B) = 0.$$

La quantité

$$n^2 \int_A^B \lambda(t)\, F(t) \cos n(x - t)\, dt$$

tend uniformément vers zéro, quel que soit x, avec $\frac{1}{n}$.

Je dis que 2° et 2′ sont deux conditions équivalentes. En effet, si 2° est remplie, 2′ l'est aussi, car on peut considérer λ comme la somme d'un nombre fini de fonctions μ, et remplacer ainsi l'intégrale où figure λ par des intégrales où figurent des fonctions μ, et qui sont étendues seulement à des intervalles (a, b) de longueur moindre que 2π.

Supposons maintenant que 2′ est remplie, c'est-à-dire que

$$n^2 \int_A^B \lambda(t)\Phi(t)\cos n(x-t)\,dt$$

tend vers zéro avec $\frac{1}{n}$. Faisons d'abord là-dedans

$$A = -\frac{\pi}{2}, \qquad B = \frac{5\pi}{2}$$

et

$$\lambda(t) = \cos t \text{ dans } \left(-\frac{\pi}{2}, 0\right) \text{ et } \left(2\pi, \frac{5\pi}{2}\right), \qquad \lambda(t) = 1 \text{ dans } (0, 2\pi);$$

puis

$$A = -\frac{\pi}{2}, \qquad B = +\frac{\pi}{2}, \qquad \lambda(t) = \cos t.$$

La contribution de $\left(\frac{\pi}{2}, 0\right)$ est la même dans les deux cas; la contribution de $\left(2\pi, \frac{5\pi}{2}\right)$ dans le premier cas est égale à celle de $\left(0, \frac{\pi}{2}\right)$ dans le second. Si donc on soustrait les deux résultats obtenus, on voit que l'intégrale

$$n^2 \int_0^{2\pi} \Phi(t)\cos n(x-t)\,dt$$

tend vers zéro, avec $\frac{1}{n}$; 2′ entraîne 2°.

Riemann donne à la condition 2′ une forme un peu plus générale en ne supposant pas que n soit entier, il serait facile de montrer que les deux formes de 2′ sont équivalentes ([1]). Je ne m'y arrête pas, d'autant que l'on utilisera seulement l'égalité (A) précédemment trouvée, dans laquelle $\mu(t)$ est une fonction de période 2π, ayant une dérivée seconde à variation bornée. La méthode qui conduit à l'égalité (A) fournit aussi l'égalité (B)

$$\text{(B)} \qquad \lim_{n=\infty} n \int_\alpha^{2\pi+\alpha} \Phi(t)\mu_1(t)\cos n(x-t)\,dt = 0,$$

([1]) La méthode de Riemann, exposée d'une façon un peu concise par l'auteur, ne prête à aucune difficulté si l'on tient compte des notes que H. Weber a ajoutées au Mémoire de Riemann (*voir* surtout 2ᵉ édition des *Œuvres de Riemann*). J'ai utilisé ces notes dans le texte.

dans laquelle $\mu_1(t)$ est une fonction de période 2π, ayant une dérivée première à variation bornée. A ces égalités il faut en joindre une troisième

$$(C) \qquad \lim_{n=\infty} \int_{\alpha}^{2\pi+\alpha} \Phi(t)\,\mu_2(t) \frac{\sin\frac{(2n+1)(x-t)}{2}}{\sin\frac{x-t}{2}}\,dt = 0,$$

dans laquelle $\mu_2(t)$ désigne une fonction qui jouit de toutes les propriétés de $\mu_1(t)$ et qui, de plus, s'annule pour la valeur x comprise entre α et $2\pi+\alpha$. Cette égalité résulte de ce que l'intégrale qui y figure est, au facteur $\frac{1}{2\pi}$ près, la somme des $(n+1)$ premiers termes de la série de Fourier de $\Phi(x)\,\mu_2(x)$, série qui est absolument convergente.

60. *Retour au procédé de sommation ordinaire.* — La somme des $n+1$ premiers termes de la série qui représente $f(x)$, quand on la somme par le procédé ordinaire, est évidemment égale à

$$A_0 + \frac{1}{2\pi} \int_{\alpha}^{2\pi+\alpha} \Phi(t) \frac{d^2}{dt^2} \left[\frac{\sin\frac{(2n+1)(x-t)}{2}}{\sin\frac{x-t}{2}} \right] dt,$$

valeur que l'on obtient en prenant la dérivée seconde de la somme des $n+1$ premiers termes de la série $F(x)$; au lieu d'étudier directement cette somme, nous allons lui faire subir des transformations analogues à celles qui ont permis de passer de la condition 2° à la condition 2′.

Demandons-nous tout d'abord dans quel cas la série trigonométrique s, qu'on obtient en dérivant deux fois de suite terme à terme la série de Fourier de Φ, peut être remplacée par la série trigonométrique s_1 qu'on déduit par le même procédé de la série de Fourier de $\Phi\lambda$, où λ est la fonction de l'énoncé 2′. Mais, pour parler de la série de Fourier de $\Phi\lambda$, il faut que cette fonction ait la période 2π, *aussi supposera-t-on dorénavant que l'on a*

$$A < x < B \leqq A + 2\pi,$$

$\lambda(t)$ *étant supposée de période* 2π *et égale à* 0 *dans* $(B, A+2\pi)$

On a évidemment

$$\frac{\Delta^2\Phi\lambda}{4h^2} = \frac{\Delta^2\Phi}{4h^2}\lambda(x+2h)$$

$$-\Phi(x-2h)\frac{\lambda(x+2h)-\lambda(x-2h)}{4h^2}+2\Phi(x)\frac{\lambda(x+2h)-\lambda(x)}{4h^2};$$

par suite, si l'on emploie le procédé sommatoire de Riemann, s et s_1 peuvent se remplacer mutuellement quand on a

$$\lambda(x)=1, \qquad \lambda'(x)=\lambda''(x)=0;$$

on supposera dorénavant ces conditions remplies.

Si l'on emploie le procédé de sommation ordinaire, on est conduit à considérer la différence des sommes des n premiers termes de s et s_1, laquelle s'écrit

$$\frac{1}{2\pi}\int_{\alpha}^{2\pi+\alpha}\Phi(t)[1-\lambda(t)]\,\frac{d^2}{dt^2}\left[\frac{\sin(2n+1)\dfrac{x-t}{2}}{\sin\dfrac{x-t}{2}}\right]dt.$$

Posons

$$1-\lambda=\rho, \qquad x-t=u,$$

et désignons les dérivées par des accents, on a

$$\rho\left[\frac{\sin(n+\frac{1}{2})u}{\sin\frac{1}{2}u}\right]'' = \frac{\sin(n+\frac{1}{2})u}{\sin\frac{1}{2}u}\left\{\rho\sin\frac{1}{2}u\operatorname{cos\acute{e}c}''\frac{1}{2}u\right\}$$

$$+(2n+1)\cos nu\left\{\rho\cos\frac{1}{2}u\operatorname{cos\acute{e}c}'\frac{1}{2}u\right\}$$

$$-(2n+1)\sin nu\left\{\rho\sin\frac{1}{2}u\operatorname{cos\acute{e}c}'\frac{1}{2}u\right\}$$

$$-\left(n+\frac{1}{2}\right)^2\sin nu\left\{\rho\cot\frac{1}{2}u\right\}$$

$$-\left(n+\frac{1}{2}\right)^2\cos nu\,\{\rho\}.$$

Par un calcul élémentaire qu'il est inutile de développer ici, on vérifie que les quantités placées entre accolades ont des dérivées bornées jusqu'à l'ordre 2, pour les trois premières quantités, et jusqu'à l'ordre 3, pour les deux dernières, *si $\lambda(t)$ a des dérivées continues jusqu'à l'ordre 4, au moins autour de $t=x$*;

on supposera cette condition remplie. Alors la première quantité est une des fonctions μ_2 dont il a été parlé à la fin du numéro précédent, les deux suivantes sont des fonctions μ_1, les deux dernières des fonctions μ. Si donc nous partageons l'intégrale à calculer en cinq autres à l'aide de l'égalité précédente, il est évident que ces cinq intégrales tendent toutes vers zéro; la première à cause de (C), les deux suivantes à cause de (B), les deux dernières à cause de (A). De sorte que s peut être remplacée par s_1 même quand on emploie le procédé de sommation ordinaire (¹).

Avant de conclure, remarquons que pour

$$f(t) = \frac{d^2}{dt^2}[(K + K_1 t + K_2 t^2)\lambda(t)],$$

la série de Fourier de f est certainement convergente et que sa somme, quand $t = x$, égale $2K_2$. Comme les fonctions $F(t)$ et $\Phi(t)$ correspondant à cette série sont égales à $(K + K_1 t + K_2 t^2)\lambda(t)$, on peut écrire

$$\text{(D)} \quad \lim_{n=\infty} \frac{1}{2\pi} \int_{\alpha}^{2\pi+\alpha} (K + K_1 t + K_2 t^2)\lambda(t) \frac{d^2}{dt^2} \frac{\sin(2n+1)\dfrac{x-t}{2}}{\sin\dfrac{x-t}{2}} dt = 2K_2.$$

En faisant dans (D) : $K = 0$, $K_1 = C_1$, $K_2 = \dfrac{A_0}{2}$, et en utilisant le résultat précédent, on est conduit à l'énoncé de Riemann : *Soit* $A < x < B \leqq A + 2\pi$, *et* $\lambda(t)$ *une fonction ayant des dérivées continues jusqu'à l'ordre* 4, *telle que l'on ait*

$$\lambda(A) = \lambda(B) = \lambda'(A) = \lambda'(B) = 0, \qquad \lambda(x) = 1, \qquad \lambda'(x) = \lambda''(x) = 0;$$

alors la différence entre $A_0 + A_1 + \ldots + A_n$ (*voir* le nº 59)

(¹) En utilisant, par exemple, l'intégration par parties, il est possible de ne se servir, dans la démonstration, que de la formule (A) qu'on peut considérer comme une conséquence immédiate de 2'. Mais, dans tous les cas, les différentes intégrales que l'on rencontre ne peuvent être traitées toutes de la même manière; aussi, en ce qui concerne cette partie du Mémoire de Riemann, les notes de H. Weber me paraissent avoir besoin d'être complétées.

et

$$\frac{1}{2\pi}\int_A^B F(t)\lambda(t)\frac{d^2}{dt^2}\frac{\sin(n+\frac{1}{2})(x-t)}{\sin\frac{1}{2}(x-t)}dt$$

tend vers zéro quand n croît indéfiniment [1].

Riemann remarque que, si l'on modifie f en dehors de (A, B), on ne modifie en rien la convergence ou la divergence, au sens ordinaire, de la série trigonométrique qui représente f quand on lui applique le procédé de Riemann. En effet, une telle modification ne peut avoir pour résultat que d'ajouter à F une fonction linéaire, d'après le théorème de Schwarz (n° 6) démontré postérieurement aux recherches de Riemann, et cette fonction d'après (D) n'a aucune influence sur la convergence ou la divergence. C'est par ce raisonnement que Riemann démontra que *la convergence au sens ordinaire, de la série trigonométrique, qui représente une fonction f quand on lui applique le procédé de Riemann, ne dépend que de la façon dont se comporte f au voisinage du point considéré.* Cet énoncé n'est pas entièrement équivalent à celui du n° 34.

Il est intéressant de remarquer que ce résultat suppose démontré le théorème de Schwarz et, par suite, le théorème du numéro suivant. D'ailleurs, dans le Mémoire de Riemann, on trouve aussi l'énoncé du théorème de M. G. Cantor qui a fait l'objet du n° 57; le théorème de du Bois-Reymond qu'on lira plus loin est aussi admis implicitement par Riemann [2].

61. *Théorème de Heine-Cantor.* — Le procédé de sommation

---

(1) Ici on n'a pas le droit de supposer, sans précautions supplémentaires, que B — A est supérieur à 2π. On vérifiera facilement que l'énoncé serait encore exact si, les autres conditions étant remplies, on remplaçait la condition $A < x < B \leqq A + 2\pi$ par la condition qu'il y ait des valeurs congrues à x dans (A, B) et les conditions que doit remplir λ pour $t = x$ par la condition que l'on ait $\lambda(t) = \lambda'(t) = \lambda''(t) = 0$ pour toute valeur de (A, B) congrue à x sauf pour l'une d'elles pour laquelle il faut que l'on ait $\lambda(t) = 1$, $\lambda'(t) = \lambda''(t) = 0$.

(2) Au paragraphe VII du Mémoire de Riemann on lit : « Si les coefficients a_n et b_n tendent vers zéro pour n croissant à l'infini, les termes de la série Ω [celle qui, peut-être, représente $f(x)$] finiront par devenir infiniment petits, quel que soit x; sinon, ils ne pourront le devenir que dans des valeurs particulières de x. » C'est le théorème du n° 57. Quant au théorème de du Bois-Reymond, il est admis, mais moins nettement, à la fin du paragraphe III et dans le paragraphe X.

de Riemann étant plus général que le procédé ordinaire, pour qu'une fonction soit représentable trigonométriquement, il faut qu'elle satisfasse à la condition 1° du n° 59. Et alors, d'après le théorème de M. Schwarz (n° 6), la fonction $F(t)$, qui admet $f(t)$ pour dérivée seconde généralisée, est entièrement déterminée à une fonction linéaire additive près. Nous avons vu que, quand $F(t)$ est ainsi déterminée, la série trigonométrique qui, sommée par le procédé de Riemann, donne f, est entièrement déterminée. Donc : *il existe au plus une série trigonométrique convergente* (¹) *qui représente une fonction donnée.*

Ce théorème a été démontré tout d'abord par Heine (*Journal de Crelle*, t. 71); mais en imposant diverses restrictions aux séries considérées parce que le théorème du n° 57 n'était pas établi. C'est M. G. Cantor (*loc. cit.*) qui a donné l'énoncé précédent en même temps que des énoncés plus généraux.

Jusqu'ici on a supposé la série partout convergente et égale à f; admettons qu'en certains points exceptionnels l'une ou l'autre de ces deux hypothèses ne soit plus remplie. *M. G. Cantor a montré que le théorème est encore exact lorsque l'ensemble des points exceptionnels est réductible* (n° 7).

S'il y avait deux séries trigonométriques convergentes représentant f, sauf peut-être en ces points exceptionnels, leur différence serait égale à o, sauf en ces points et, par suite, dans tout intervalle ne contenant pas de points exceptionnels, la fonction $F(t)$ correspondant à cette différence serait linéaire d'après le théorème de M. Schwarz. Soit A un point exceptionnel isolé; avant A, $F(t) = K + K_1 t$; après A, $F(t) = K' + K'_1 t$. F étant continue, on a

$$K + K_1 A = K' + K'_1 A.$$

Mais, d'après le second théorème du n° 58,

$$\frac{F(A+h) + F(A-h) - 2F(h)}{h} = K'_1 - K_1$$

(¹) Ou même seulement à coefficients tendant vers zéro et sommables par le procédé de Riemann.

doit tendre vers zéro avec h; donc

$$K = K', \qquad K_1 = K'_1.$$

Par suite, s'il n'y a qu'un nombre fini de points exceptionnels dans $(0, 2\pi)$, $F(t)$ est partout égale à la même fonction linéaire, le théorème est démontré.

S'il y a un nombre infini de points exceptionnels, notre raisonnement montre que $F(t)$ ne peut changer de forme qu'aux points limites de cet ensemble. Mais on peut refaire, à l'occasion d'un point limite isolé, le raisonnement fait pour A, et l'on voit ainsi que le théorème est exact si, dans $(0, 2\pi)$, le premier dérivé de l'ensemble des points exceptionnels n'a qu'un nombre fini de points. On peut ainsi s'élever de proche en proche jusqu'à l'énoncé général de M. Cantor.

62. *Théorème de Paul du Bois-Reymond.* — Il n'y a qu'une seule série trigonométrique convergente représentant une fonction donnée f, nous venons de l'apprendre. Mais quelle est-elle? C'est la série de Fourier de f quand cette série est convergente et représente f, mais dans les autres cas n'y a-t-il pas une série trigonométrique, autre que la série de Fourier de f, qui représente la fonction donnée f?

MM. Dini, Ascoli et surtout P. du Bois-Reymond ont répondu négativement à cette question dans des cas étendus [1]. Ici on ne fera que la seule hypothèse : *f est bornée* [2].

Si f est représentable par une série trigonométrique, c'est qu'elle est mesurable (n° 8); étant de plus bornée, elle est sommable (n° 10). Soit F la fonction correspondant, comme il a été dit, à la série représentant f. On a

$$\lim_{h=0} \frac{\Delta^2 F(x)}{4h^2} = f(x);$$

nous savons que $\dfrac{\Delta^2 F(x)}{4h^2}$ est bornée (n° 11), donc (n° 12) on peut

(1) DINI, *Sopra la serie de Fourier*, Pise, 1872. — ASCOLI, *Annali di Matematica*, t. VI, 1873. — P. DU BOIS-REYMOND, *Abhand. der bayer. Akad.*, t. XII.

(2) LEBESGUE, *Annales de l'Ecole Normale*, 1903.

intégrer sous le signe « lim ». Appelons F_1 et F_2 deux fonctions primitives successives de F, on a

$$\lim_{h=0} \frac{\Delta^2[F_1(x) - F_1(o)]}{4h^2} = \int_0^x f(t)\,dt,$$

$$\lim_{h=0} \left[\frac{\Delta^2 F_2(x)}{4h^2} - \frac{\Delta^2 F_2(o)}{4h^2} - \frac{\Delta^2 F_1(o)}{4h^2} x \right] = \int_0^x \int_0^\theta f(t)\,dt\,d\theta;$$

ou, puisque F est la dérivée seconde de F_2,

$$F(x) - F(o) - x \lim_{h=0} \frac{\Delta^2 F_1(o)}{4h^2} = \int_0^x \int_0^\theta f(t)\,dt\,d\theta.$$

La limite qui subsiste dans cette formule existe bien puisque tous les autres termes sont déterminés, et l'on a

$$F(x) = \int_0^x \int_0^\theta f(t)\,dt\,d\theta + Ax + B.$$

Connaissant $F(x)$ on pourrait appliquer la méthode du n° 59 à la recherche de la série trigonométrique; il sera plus rapide de remarquer que, en conservant toujours les mêmes notations, $\Phi(x)$ est de la forme

$$\Phi(x) = \int_0^x \int_0^\theta f(t)\,dt\,d\theta - \frac{A_0}{2} x^2 + \alpha x + \beta;$$

d'où, puisque $-\frac{a_n}{n^2}$ et $-\frac{b_n}{n^2}$ sont les coefficients du $(n+1)^{\text{ième}}$ terme de la série de Fourier de Φ,

$$-\frac{a_n}{n^2} = \frac{1}{\pi} \int_0^{2\pi} \int_0^x \int_0^\theta f(t) \cos nx\,dt\,d\theta\,dx - \frac{2A_0}{n^2},$$

$$-\frac{b_n}{n^2} = \frac{1}{\pi} \int_0^{2\pi} \int_0^x \int_0^\theta f(t) \sin nx\,dt\,d\theta\,dx + \frac{2A_0\pi}{n} - \frac{2\alpha}{n}.$$

Maintenant, en changeant l'ordre des intégrations, ce que permet la considération des intégrales triples (n° 10), en effectuant d'abord les intégrations en x, puis celles en θ et enfin celles en t, on a

$$a_n = \frac{1}{\pi} \int_0^{2\pi} f(t) \cos nt\,dt + 2\left[A_0 - \frac{1}{2\pi} \int_0^{2\pi} f(t)\,dt \right],$$

$$b_n = \frac{1}{\pi} \int_0^{2\pi} f(t) \sin nt\,dt - n\left[2\pi A_0 - 2\alpha - \frac{1}{\pi} \int_0^{2\pi} f(t)(2\pi - t)\,dt \right].$$

Pour que a_n et b_n tendent vers zéro, quand n croît, il faut évidemment que les quantités entre crochets soient nulles; donc : *si une fonction bornée f est développable en série trigonométrique convergente cette série est la série de Fourier de f.*

Si l'on admettait qu'il y ait des points exceptionnels en lesquels la représentation par la série trigonométrique cesse d'être valable, le raisonnement précédent ferait connaître, à une fonction linéaire additive près, la forme de $\Phi(x)$ dans tout intervalle ne contenant pas de points exceptionnels. Et le raisonnement du numéro précédent montrerait que cette fonction linéaire est toujours la même si l'ensemble des points exceptionnels est réductible; de sorte que, dans ce cas, le théorème précédent est encore exact.

63. *Exemple de série trigonométrique partout convergente qui n'est pas une série de Fourier.* — Nous avons dû supposer, dans le numéro précédent, que f est bornée; le théorème s'étend cependant au cas où f est sommable et ne devient infini qu'au voisinage des points d'un ensemble réductible. On peut même démontrer que, si certaines fonctions non sommables sont représentables analytiquement, ce ne peut être que par leurs séries de Fourier généralisées (n° 19).

Je renvoie pour ce point à mon Mémoire, cité au numéro précédent. Ce qu'il importe de remarquer, c'est que la question posée n'est pas résolue complètement pour les fonctions non bornées. Il est d'ailleurs facile de voir que, si l'on conserve aux mots *série de Fourier* le sens que nous avons adopté (n° 19), il existe des fonctions qui sont représentables par des séries trigonométriques convergentes, qui ne sont pas des séries de Fourier. En voici un exemple qui m'a été indiqué par M. P. Fatou.

Nous avons vu incidemment (n° 53) que, pour une série de Fourier, la série $\sum \frac{b_p}{p}$ était convergente et même nous avons calculé sa valeur. Donc, la série $\sum \frac{\sin nx}{\mathrm{L}n}$ n'est pas une série de Fourier; elle est cependant partout convergente (n° 26).

64. *Théorème sur la multiplication des séries de Fourier.* — Supposons f continue, auquel cas F a une dérivée première F′ et une dérivée seconde $\mathrm{F}'' = f$. Soit λ la fonction qui figure dans

l'énoncé du n° 60. Comme l'on a

$$\frac{\Delta^2 F\lambda}{4h^2} = \frac{\Delta^2 F}{4h^2}\lambda(x+2h)$$
$$+2\frac{F(x-2h)-F(x)}{-2h}\,\frac{\lambda(x+2h)-\lambda(x-2h)}{4h}+F(x)\frac{\Delta^2\lambda}{4h^2},$$

il en résulte

$$\lim_{h=0}\frac{\Delta^2 F\lambda}{4h^2} = f.\lambda + 2F'.\lambda' + F\lambda''.$$

La fonction $2F'\lambda' + F\lambda''$ a une dérivée, sa série de Fourier est donc convergente. Mais on sait que la série obtenue en dérivant deux fois la série qui représente $F\lambda$ converge en même temps que celle qui se déduit de F, c'est-à-dire en même temps que la série de Fourier de f. Par suite, les séries de Fourier de f et $f\lambda$ convergent en même temps au point x, les conditions du n° 60 étant remplies.

C'est là un énoncé très particulier; j'ai tenu à l'indiquer en terminant parce qu'il montre qu'il y aurait intérêt à n'assujettir les fonctions λ, μ des paragraphes précédents qu'à des conditions moins restrictives.

FIN.

TABLE DES MATIÈRES.

Pages.

PRÉFACE V

INDEX VII

INTRODUCTION. — PROPRIÉTÉS DES FONCTIONS 1

1. Les deux espèces de points de discontinuité 1
2. Points réguliers 2
3. Fonctions monotones; conditions de Dirichlet 2
4. Fonctions à variation bornée 3
5. Nombres dérivés 5
6. Dérivée seconde généralisée. Théorème de M. Schwarz 5
7. Ensembles de points 7
8. Ensembles mesurables; fonctions mesurables 8
9. Théorème sur la convergence des séries 9
10. Définition de l'intégrale 10
11. Propriétés de l'intégrale indéfinie 12
12. Théorème sur l'intégration des séries 14
13. Théorème général sur les fonctions sommables 15

CHAPITRE I. — DÉTERMINATION DES COEFFICIENTS DES SÉRIES TRIGONOMÉTRIQUES REPRÉSENTANT UNE FONCTION DONNÉE 17

14. Définition des séries trigonométriques 17
15. Comment fut posé le problème de la représentation d'une fonction arbitraire par une série trigonométrique 19
16. Formules d'Euler et Fourier 22
17. Formules d'interpolation 23
18. Méthode de Fourier 26
19. Séries de Fourier 30

CHAPITRE II. — THÉORIE ÉLÉMENTAIRE DES SÉRIES DE FOURIER 33

I. — *Sommation de séries trigonométriques* 33

20. Généralités 33
21. Procédé d'Euler et de Lagrange 33
22. Procédé de Fourier 35

Pages.

II. — *Étude élémentaire de la convergence* 36

23. Principe de la méthode 36
24. Détermination d'une fonction par sa série de Fourier 37
25. Transformation d'Abel. Théorème de la moyenne 38
26. Conditions de convergence d'une série trigonométrique 42
27. Ordre de grandeur des coefficients d'une série de Fourier 45
28. Cas de convergence des séries de Fourier 46

III. — *Applications* 48

29. Représentation approchée des fonctions continues 48
30. Principe de Dirichlet 49
31. Intégrale de Poisson 51
32. Propriété fondamentale des fonctions harmoniques 53

CHAPITRE III. — SÉRIES DE FOURIER CONVERGENTES 55

I. — *Recherches sur la convergence* 55

33. Caractère de convergence des séries de Fourier 55
34. Théorèmes de Riemann 59
35. Les deux espèces de conditions de convergence 62
36. Transformations des conditions de convergence 63
37. Condition de M. Dini 66
38. Exemples de fonctions développables en série de Fourier 67
39. Condition de Lipschitz-Dini 70
40. Condition de M. Jordan et condition de Dirichlet 71

II. — *Applications diverses* 74

41. Formule de Fourier 74
42. Formules sommatoires 78
43. Sommes de Gauss 80

CHAPITRE IV. — SÉRIES DE FOURIER QUELCONQUES 84

I. — *Existence de séries de Fourier divergentes* 84

44. Exemple de fonction continue dont la série de Fourier ne converge pas partout 84
45. Remarques sur la convergence des séries de Fourier 86
46. Autre exemple de série de Fourier divergente 87
47. Existence de fonctions continues représentables par leurs séries de Fourier non uniformément convergentes 88

II. — *Sommation des séries de Fourier divergentes* 89

48. Procédé de Poisson 89
49. Procédé de Riemann 90
50. Procédé de M. Fejér 92
51. Nature de la divergence des séries de Fourier 96

Pages.

III. — *Opérations sur les séries de Fourier* 98

52. Multiplication 98
53. Intégration 102
54. Dérivation 103

IV. — *Applications géométriques* 105

55. Théorème de Jean Bernoulli 105
56. Théorème des isopérimètres 107

CHAPITRE V. — SÉRIES TRIGONOMETRIQUES QUELCONQUES 110

57. Théorème de Georg Cantor 110
58. Théorème fondamental de Riemann 111
59. Condition nécessaire et suffisante démontrée par Riemann 113
60. Retour au procédé de sommation ordinaire 117
61. Théorème de Heine-Cantor 120
62. Théorème de Paul du Bois-Reymond 122
63. Exemple de série trigonométrique, partout convergente, qui n'est pas une série de Fourier 124
64. Théorème sur la multiplication des séries de Fourier 124

FIN DE LA TABLE DES MATIÈRES.

37641 Paris. — Imprimerie GAUTHIER-VILLARS, quai des Grands-Augustins, 55.

Printed in the United States
By Bookmasters